水土保持科学系列丛书

南京水利科学研究院出版基金资助

海涂垦区盐碱土联合改良耦合效应研究

金 秋◎著

·南京·

图书在版编目(CIP)数据

海涂垦区盐碱土联合改良耦合效应研究 / 金秋著.
南京 ：河海大学出版社，2024. 12. --(水土保持科学
系列丛书). -- ISBN 978-7-5630-9496-7

Ⅰ. S156.4

中国国家版本馆 CIP 数据核字第 20242MQ560 号

书　　名　海涂垦区盐碱土联合改良耦合效应研究
书　　号　ISBN 978-7-5630-9496-7
责任编辑　曾雪梅
特约校对　薄小奇
装帧设计　徐娟娟
出版发行　河海大学出版社
地　　址　南京市西康路 1 号(邮编:210098)
电　　话　(025)83737852(总编室)　(025)83787103(编辑室)
　　　　　　(025)83722833(营销部)
经　　销　江苏省新华发行集团有限公司
排　　版　南京布克文化发展有限公司
印　　刷　广东虎彩云印刷有限公司
开　　本　710 毫米×1000 毫米　1/16
印　　张　6.25
字　　数　100 千字
版　　次　2024 年 12 月第 1 版
印　　次　2024 年 12 月第 1 次印刷
定　　价　48.00 元

前言 Preface

滩涂围垦是我国沿海开发的重要组成部分。滨海滩涂区的利用对于缓解用地矛盾、保护耕地红线、保持农业用地动态平衡具有战略意义。东台地处江苏沿海地区中部，滩涂资源丰富，空间分布连片集中，适合规模化围垦作业，发展现代化农业。但滨海滩涂土壤存在土体发育弱、理化性质差、供肥潜力低等问题，不利于作物生长。因此，沿海垦区盐碱土壤改良成为滩涂围垦的关键技术目标。本研究以东台沿海垦区为试验区，针对单一土壤改良措施的局限，采用灌排淋洗技术、EM(Effective Microorganism，有效微生物)有机肥技术和隔离层技术相结合的方法，研究不同技术耦合对水稻产量、品质(垩白粒率、整精米率和支链淀粉含量)以及滨海土壤理化特性(盐分、孔隙度、速效养分等)的影响，以期为沿海滩涂开发提供数据支撑和技术指导。具体研究结果如下。

(1) 灌排技术与EM有机肥联合改良措施下，对比分析综合水稻产量与品质。不同水肥处理中，I2F3处理的表现最优，在该模式下，水稻产量达到8 500 kg/hm^2，垩白粒率、整精米率和支链淀粉含量分别为22.8%、67.2%和75.8%。I3F2处理去除盐分的效果最好，至试验末期，耕层土壤盐分质量分数仅为1.66 g/kg，远低于对照处理CK。不同水肥改良技术有利于提高有机质含量、降低耕层土壤容重、提升孔隙度和增强土壤持水特性。从反映土壤结构的重要因子孔隙度来看，I1F3处理土壤孔隙度最高，达到49.81%。

(2) EM有机肥与隔离层联合改良措施下，与无机肥处理相对比，稻田土壤速效氮、磷、钾浓度均呈现一定的下降趋势。但不同改良措施均有效降低了耕层土壤盐分，土壤盐分质量分数降幅为10.1%～40.6%。EM有机施肥配合秸秆埋藏有利于提高总孔隙度、有机质含量、田间持水量并降低容重。在 9 个不同处理中，F3D3 处理的水稻产量最高，达到 8 388 kg/hm^2；总体上 F3D3 处理的综合品质最优（整精米率指标一般），垩白粒率和支链淀粉含量分别为 23.0%和 75.7%。

(3) 灌排技术和隔离层联合改良措施下，较高灌溉量（I3）不利于养分存储，同时，隔离层埋深越浅，耕层土壤速效养分含量越高。从土壤速效养分来看，I2D1 处理处于较优水平，速效氮、磷和钾浓度分别为 165.6 mg/kg、15.0 mg/kg 和 131.1 mg/kg。总体来看，隔离层埋深越浅，对耕层土壤容重的降低效应越好，且有利于提高孔隙度。根据容重这一单因素分析，I2D1 处理处于最优水平，容重为 1.37 g/cm^3，对应的总孔隙度为 48.30%。相同灌溉量下，总体上水稻产量随秸秆隔离层埋深的增加呈下降趋势。而在相同秸秆隔离层埋深下，I2 处理的水稻产量处于最高水平。不同处理中，I2D1 处理的产量最高，达到 8 044 kg/hm^2。在 9 个处理中，I2D3 处理的水稻垩白粒率处于最低水平，为 23.3%；I2D2 处理的水稻整精米率最高，达到 67.6%，9 种处理相对于 CK 处理均提升了水稻的整精米率；总体上 I2 灌排方案有利于支链淀粉含量的提高。

(4) 将土壤结构、养分指标和经济效益指标等引入综合评价体系，通过投影寻踪分类模型决策，发现 27 种联合改良方案综合效益最优的处理为 I2F3 和 F3D1，投影值均达到 0.968。这表明控制灌溉下中等灌溉量结合 4 500 kg/hm^2 EM 有机肥施用量，以及 4 500 kg/hm^2 EM 有机肥施用量与 30 cm 隔离层埋深的综合改良效果最优。

本书的出版得到了江苏省第五期“333 高层次人才培养工程”科研资助项目（BRA2018384）、江苏省沿海开发集团有限公司 2022 年科技“揭榜挂帅”项目（2022YHTDJB02-1）、江苏省水利科技项目（2024048）和南京水利科学研究院出版基金资助。

目录 Contents

第一章 | 绪 论

1.1 研究意义

江苏沿海地区的地理位置特殊，是沿海、长江和陇海—兰新线三大生产力规划布局的交叉区域，具体涵盖了南通、连云港、盐城三市所在的所有行政区域，总陆域面积 3.25 万 km^2，拥有长达 954 km 的海岸线，其滩涂湿地面积达到全国滩涂总面积的 25%，包含 100 万亩[①]左右的盐碱田。

经济发展和城市扩张，使得农业用地逐步缩小，滨海盐碱土壤成为当前最有可能开发利用成农田的土地资源，将成为经济发展的重要推动力量。2009 年 6 月 10 日，国务院常务会议讨论并原则通过《江苏沿海地区发展规划》，第一次将江苏沿海开发工作列入国家发展战略。江苏省沿海地区盐碱土地资源丰富，并且每年以 2 万多亩的速度高速增长，是江苏省当前所有可供开发的土地中数量最大、比例最高的一种类型。然而，由于滨海围垦的土地盐碱化严重、地势较低且缺乏淡水资源淋洗，目前盐碱土地的开发层次还不高，并且存在利用方向单一的问题。

2010 年，国务院常务会议审议通过了《长江三角洲地区区域规划》，提出要开展重大改革试验，设立江苏盐城沿海滩涂综合开发试验区；建立服务长三角地区的能源原材料、重要农产品生产和休闲旅游基地，实现优势互补。江苏省委、省政府响应中央号召，也作出了指示：通过试验区有序、合理、科学的开发利用，发挥出滩涂资源的最大潜力和作用，带动整个沿海滩涂资源的有序、合理开发，为沿海地区开发开放奠定基础。为了明确东台百万亩滩涂试验区的开发模式、功能定位、运作机制、发展思路以及整体空间布局等，江苏省发改委还特别设立了“江苏沿海滩涂综合开发试验区开发利用战略研究”课题，该课题在 2014 年 5 月 4 日由专家评审通过。

综上，目前滨海滩涂区的利用已成为转变农业发展方式的途径之一。为此近年来江苏沿海开发、百万亩滩涂综合开发试验区建设等相继开展。这些战略和建设的实施，必将使用大量的滨海土地资源。然而滨海土壤存在一些

① 1 亩≈666.67 平方米。

缺陷，如土体发育弱、理化性质差、供肥潜力低等，不利于作物生长。因此，滨海土壤的改良成为化滩涂为良田的关键技术目标，相关科学研究对于顺利推进沿海开发战略具有重要的理论指导意义和推动作用。

1.2 国内外研究进展

1.2.1 水分管理对“水稻-土壤”系统影响的研究进展

1.2.1.1 水分管理对水稻产量和品质的影响

水稻在我国粮食结构中占据至关重要的地位，对人们日常生活食物需求有着重要影响[1]。我国虽地域辽阔，但淡水资源却相对匮乏，作为高耗水作物，水稻的生长发育离不开水资源，但水稻的产量并不一定随着灌溉水供给的提高而出现明显增加，淹水灌溉是传统水稻生产的灌溉模式，这种灌溉模式下水资源浪费较为严重，所以根据水稻不同生育期对水分的需求规律来制定节水灌溉策略，在滨海地区淡水资源匮乏的生产现状下是极为必要的[2]。目前，国内外关于不同灌溉模式对水稻产量和品质的影响已经做了大量的前期研究工作[3]，如何利用合理的灌溉模式最大限度提高水资源利用效率并且不影响水稻产量和品质，具有重要的现实意义[4-5]。

水稻生育过程的不同时期对水分的需求量有所不同，所以不同土壤水分含量对水稻不同生育期的影响也存在较大差异，进而导致对水稻产量的影响也不相同。据汝晨等[6]报道，水稻分蘖期适度的水分胁迫，有利于增加地上部干物质质量，从而增加产量；但也有学者认为分蘖期减少水分供给会导致水稻有效穗数显著降低从而对水稻产量产生影响。Wopereis 等[7]研究发现，在水稻生长早期，适当降低灌水量时的水稻产量不会与充分灌溉的产量有显著差异。柯传勇[8]认为，分蘖期多水会使得水稻形成无效分蘖，所以在分蘖期适当降低水分供应可以使养分不累积在无效分蘖上，从而提高水稻产量。综合研究说明，分蘖期应用节水灌溉，这样不但可以节约水资源，还能控制水稻无效分蘖数，从而间接提高水稻产量。据夏琼梅等[9]报道，幼穗分化期对水分需求敏感，在此时期发生干旱会使得水稻总粒数和结实率下降，最终影响产量。一般认为水稻生理需水临界期是从幼穗分化期一直到抽穗成熟期，这个时期水分对水稻产量的影响是最大的，缺水会严重抑制水稻枝梗及颖花的形成、发育，以及籽粒的产生，使得水稻的穗粒数降低、千粒重降低、空秕粒增多，严重影响产量。抽穗期是决定水稻产量的关键时期，充足的水分有助于该时期水稻进行各种生理代谢过程，保证产量达到最大，若该时期减少水分供应，会直接导致水稻产量的明显下降[10]。

在传统的淹水灌溉下，水稻整个植株的生长很快，分蘖多，整体生物量大，但中后期后劲不足，叶片根系容易早衰，水稻幼穗分化和抽穗成熟受到叶和根早衰的影响，生长发育较差，从而对其产量产生直接影响[11]。传统淹水灌溉模式需水量较大，据林贤青等[12]估计，每 1 hm^2 水稻需水量为 13 400 t 左右，且伴随较低的灌溉水利用率，每 1m^3 水生产稻谷的重量仅 0.65 kg。水稻一直在淹水条件下，根系会出现缺氧、黑腐断根的现象，极大影响其对水肥的正常吸收，会降低叶片的光合作用效率和有机物积累量，从而导致产量减少。采用干湿交替等节水灌溉模式[13]能使水稻有效分蘖的物质生产量增加，提高群体生长率和相对生长率。水稻田土干时水稻叶色会轻微发黄，一旦灌水后，叶色迅速褪黄，且颜色加深。这种现象表明干湿交替等节水灌溉模式使土壤的通气状况得到改善，可以有效提高水稻根系活力[14]，促进水稻的养分吸收[15]和关键生理代谢过程。另外，节水灌溉可以合理发挥水稻生态耗水的功能，利用灌溉水对土壤和作物的多重作用，充分满足水稻不同器官水分代谢的需求，促进水稻群体协调的生长发育，在减少无效耗水的同时获得水稻的高产量[16]。研究表明，节水灌溉模式下水稻的无效分蘖减少，成穗率提高，每穗粒数、千粒重等有所增加[17]。毛心怡等[16]研究表明，不同节水灌溉模式对水稻产量的影响存在很大差异，其中，蓄水控灌节水灌溉模式下的水稻产量最高，而浅水勤灌处理下水稻产量处于较低的水平。

除高产量外，优秀的稻米品质也是水稻生产的重要目标。稻米的品质是体现市场竞争力的关键因素[18-19]。优质水稻是生产优质稻米的基础，目前普遍认为水稻的品质包括成米品质、外观品质、感官品质和贮藏品质等几个方面。水分亏缺对稻米品质有一定影响。水稻受不同灌溉水量影响的试验表明:稻米的垩白粒率随灌溉水量的减少而降低。水分胁迫使稻米的整精米率有所提高[20]。此外,有研究表明,在缺水的情况下,水稻的开花量显著减少,灌浆速度提高,灌浆周期缩短,与此同时稻米的品质有所下降[21-22]。另一相关研究也表明:齐穗后 10 d 断水与 25 d 断水相比,实粒率大幅下降,稻米的加工品质随灌浆期排水时间的推迟而有所提高[23]。大量研究表明,节水灌溉创造的土壤干湿交替状态有利于提高水稻品质。干湿交替灌溉条件下土壤微生物生存条件短时间发生剧烈变化,通过改善根系物理、化学和生物环境,可以间接改善稻米品质,从而提高稻米的加工品质,如精米率、整精米率、糙米率等,还可提高稻米的外观品质(垩白粒率等)及米粉中的营养物质含量,并可提高水稻稻米淀粉黏滞谱特性。王同朝等[24]研究表明,与对照处理相比,干湿交替灌溉可以有效地增强土壤转化酶、脲酶、过氧化氢酶和酸性磷酸酶活性;并且,小水勤灌下频繁的干湿交替环境可能会促使那些生长快速的微生物存活并迅速繁殖,进而可能间接且显著地提高水稻的品质。水稻不同时期的水分供应状况不同也会对其品质产生影响,其中分蘖期的影响最大。因此,有研究提出参照标准,即在水稻分蘖期提供一定的浅水层,在水稻其他生长发育时期保持土壤湿润即可,土面可以没有水层,但土壤含水量应当达到饱和[25]。

刘奇华等[26]在研究浅水、湿润及深水灌溉对水稻稻米品质的影响机理时发现,在湿润灌溉条件下,水稻的垩白粒率呈现最高值,蛋白质含量处于最低水平,而直链淀粉含量等口感指标受品种影响比较大(试验表明圣稻 14 品种的直链淀粉含量最高)。吕银斐[2]等发现与淹水灌溉相比,湿润灌溉下水稻稻米的垩白粒率有所提高,这导致了稻米外观品质的下降。郭群善等[27]的研究结果表明,与对照处理相比,湿润灌溉显著提高了水稻精米率,但是对于蛋白质以及氨基酸,两种条件下的水稻有截然不同的表现;湿润灌溉与常规灌溉相比,水稻加工品质、外观品质与营养品质均略有提升。

重盐土地上栽培水稻一直是生产上的棘手问题。由于明渠只能排出地表水分,而土壤深层的水盐只能通过暗管排出,因此,在旱田上埋设暗管,利用灌溉水和雨水的渗透作用,可加速排出土壤盐分,降低盐胁迫对水稻生长发育的影响。另外,土壤通气性对水稻品质也有极其重要的影响,而埋设暗管可以提高土壤渗透性[28]，不断补充的水分带来了更多有利于水稻生长的氧气，而充足的氧气又有利于土壤有毒物质的分解，其产生的无机质可供水稻根系吸收。盐碱土经过明渠排水后，土壤温度和湿度都较大[29]，配以暗管排水，调节地下水位和表层湿度，能够提高稻田土温，有利于水稻生长发育和产量品质的提高[30]。

1.2.1.2　水分管理对滨海土壤盐分的影响

土壤盐碱化是一个世界性的难题，在滨海地区盐碱问题尤为严重[31]。滨海盐渍土的主要特点是土壤表层积盐重，底层也存在较多盐分，容易出现返盐现象。土壤盐分中，氯化钠盐占绝对优势，其组成与海水一致。滨海土壤钠吸附比很高，土壤水分饱和后，由于土壤颗粒急剧膨胀，土壤孔隙关闭而发生板结，导致滨海土壤的渗透性较低、通气性较差[32]。研究表明，灌溉洗盐或排水携盐是改良滨海盐碱地的有效措施。地下水抽排使不同程度的盐碱地中的钠离子含量减少，达到了抑盐、排盐的效果[33]。与此同时，灌溉淋盐与排水相结合的方法，也在盐碱地治理开发中有着广泛的应用和实践。

灌溉方面，研究表明，不同土壤层中水分和盐分受到灌溉的影响不一，其中表层土受到的影响较大。在无排水的情况下，盐分积累到深层地下水后不能及时排出。地下水浅层的水分强烈蒸发，加大了深层土壤盐分向土壤表面的迁移和积累[34]，使作物受到盐分的胁迫[35]。有研究表明[36]，只有当地下水深度在 2.5 cm 以下时，水分受到毛管上升引力的作用小，地下水对作物生长的影响才较弱。

排水方面，滨海土壤地下水位较高，土壤易发生返盐而引起盐渍化，从而限制了滨海耕地资源的开发。而排水被证明可有效降低地下水位，从根本上限制土壤盐分表聚，是改良盐碱地的有效措施之一[37]。耿其明等[38]分别分析了明沟排水和暗管排水对盐碱地土壤盐分的影响，结果表明，虽然明沟排水和暗管排水均能有效降低土壤盐渍化，但是暗管排盐效果比明沟更优，明沟排水则在提升土壤肥力方面的表现更佳。此外，对于盐渍化程度不同的土壤，排盐情况也不同。张震中等[39]发现毛细透排水在淋洗土壤盐分方面可以发挥重要作用，实践表明在中度盐渍化地区和重度盐渍化地区，毛细透排水降低的土壤盐分均在94%以上，在中度盐渍化地区脱盐率更高。张谦等[33]在对中度和重度盐碱土壤进行浅井排盐时也得到了类似结果。如果没有适当的排水设施，灌溉地区返盐化现象将不断加剧，地下水位将不断提高，因此，可以认为排水也是提高单位农业面积的重要控制因子之一[40]。综上所述，排水措施在控制土壤盐分含量，改善和利用盐碱地土壤方面发挥着重要的作用。

灌排结合方面，将灌溉制度和排水系统结合能有效地控制滨海土壤盐碱化。对于灌溉区长期使用咸水灌溉的，需要加大水量冲洗土壤的盐分，可适当增加灌溉水量[41]。调整灌溉制度和排水系统，结合两者优势，能充分促进盐分排出，改善滨海地区土壤盐碱化指数。

1.2.1.3 水分管理对滨海土壤其他理化指标的影响

滨海土壤性质受到海洋及陆地的双重影响，可溶性盐含量高、养分元素整体较低、结构密实、容重大、孔隙度低、生产力低等特征明显。灌溉对于滨海土壤改良的效果主要体现在改善土壤团粒结构、持水特性和导水性能等方面。而目前水分管理影响滨海土壤理化性质的大量研究集中在排水对滨海土壤的影响方面。陈阳等[42]研究发现，暗管处理可有效控制地下水位，不同暗管间距包括10 m、14 m、20 m，均能满足作物生长发育的要求，其中10 m的暗管间距地下水埋深要高于14 m和20 m，整个试验周期均能发现该规律。刘永等[43]研究发现在暗管间距为10 m时，降渍效果最好的暗管埋深是1.4 m，然而，当暗管间距大于15 m时，暗管的埋深对于暗管降渍效果已经没有特别明显的影响。

此外，暗管排水结合其他措施的研究也有报道。如有机肥及灌溉淋洗等技术同时作用，更有利于改善滨海土壤的结构，提高耕层土壤有机质含量[44]。张金龙等[45]发现以暗管排水为主的联合改良技术措施能显著改善土壤通气性能和导水性能，并且明显提高土壤综合肥力，试验40 d后0～60 cm土层土壤盐分降低效率为88.5%，改良180 d后土壤渗透系数由试验前的0.78×10^{-5} cm/s增加到8.74×10^{-4} cm/s，有机质含量由8.83 g/kg增至26.4 g/kg。暗管排水与微生物结合作用也能改善滨海土壤理化性质。侯毛毛等[46]将暗管排水技术与微生物有机肥施用技术结合，发现技术应用后，滨海土壤容重降低,而耕层土壤的有机质有所增加,并且联合技术有助于使土壤的有机态氮向无机态氮转化。滨海土壤排水方式及其配套措施的不断发展完善,促使滨海土壤理化性质得到改善,从而满足农业生产需要,解决农业土地需求问题。

综上,滨海土壤因其独特的性质,给其利用带来诸多障碍,改良土壤及科学高效利用灌排技术成为提高滨海土壤利用率的重要途径。合理选择灌溉方式,能够高效率、高质量地利用水肥资源,实现水源利用率和土壤受灌率的最大化。科学设计排水体系布局,不仅能够改善土壤理化性质,在节水减排和维护生态稳定方面也有巨大效益,可实现生态可持续发展。现排水再灌溉工程已逐渐应用于农业生产中,其中灌溉-排水系统成为主要发展方向,在我国滨海地区得到越来越广泛的应用。在生产实践中,我们需要综合考虑各地区的土壤、水源、灌溉模式、排水系统、生态环境等因素,结合生态效益评价和风险评估,因地制宜,筛选应用适宜当地的可持续灌排模式。

1.2.2 施用生物有机肥对“水稻-土壤”系统影响的研究进展

1.2.2.1 施用生物有机肥对水稻产量和品质的影响

生物有机肥综合了传统有机肥和微生物肥料的优势,能够有效地提高肥料生态功能,改良土壤质量,改善作物品质,对绿色有机农业的发展至关重要。优化生物有机肥施用策略不仅可以减少畜禽粪污等污染物的排放、农作物秸秆等农业废弃物的随意焚烧和堆放以及降低化肥和农药使用量,还可以提高农产品的产量和质量[47-49]。

生物有机肥富含植物所需的营养物质,直接或间接对水稻产量产生影响。一方面,生物有机肥通过对水稻分蘖速度、千粒重、成穗率等的作用直接影响水稻产量。在试验或生产中,成穗率、千粒重是评估水稻亩产高低的关键指标。高菊生等[50]连续 19 年开展长期定位试验,结果表明,有机无机肥配施可以促进水稻分蘖的发生,增加水稻干物质量和生物量,明显降低稻谷的空壳率,且能促进水稻千粒重的提高。为进一步研究有机肥,王艾平等[51]单施生物有机肥，并且同施用化肥、复混肥进行了系统对比试验，结果表明，施用生物有机肥有助于水稻分蘖早发快生，提高成穗率，其获得的水稻干物质含量也明显高于复混肥、化肥施用下的情况，验证了生物有机肥对干物质优化分配的促进作用。

另一方面，生物有机肥也能够提高水稻根系活力、改善土壤特性，间接地提高水稻产量。张伟明等[52]利用生物炭处理优化水稻根系形态特征，其研究结果表明，生物炭具备在前期促进水稻根系生长且在后期延缓水稻根系衰老的双重功能，此外，用一部分生物有机肥取代传统的化肥，不会造成氮素供应总量减少[53-54]。长期施用有机肥对水稻土微生物环境也有深刻影响，其作用包括加速土壤养分的转化，进而间接提高水稻产量[55]。在生产中，农户多施用有机肥可以保证水稻稳产、高产。

然而，在仅施用有机肥的情况下，通过设置不同有机肥用量处理，统计各处理组的考种、测产数据，发现随着有机肥用量的增加，水稻产量逐渐增加，但是总体上的测定结果低于化肥与有机肥混合施用所得到的产量[56]。这证明改变有机肥的施用比例会对水稻的产量产生不同的影响[56]。与无机肥相比，有机肥肥效供给相对缓慢，如果仅施用有机肥，在水稻生长发育关键期尤其是生长发育前期无法提供充分的营养物质，会推迟水稻抽穗，造成水稻抽穗率降低[57]。一般来说，生产中通常会采用按照不同比例施用化肥与有机肥，有机肥为主化肥为辅的方法，以满足生产需要，达到综合效益最优化[58]。关于化肥与有机肥混合施用的试验研究证明，按照不同比例施用有机肥无机肥时，增加有机肥施用量，水稻产量一开始会呈现逐渐增加的趋势，但产量达到一定值后，随着有机肥用量的增加，水稻产量逐渐减少，呈现出单峰状的整体变化趋势。这表明有机肥用量并非越多越好，一味地增加有机肥施用量并不能实现增产的目标[60]。统筹兼顾经济效益和水稻产量的双重要求，陈琨等[59]通过综合分析试验结果，认为针对冬水稻田有机肥的适宜用量范围为 1 500～4 500 kg/hm^2。孙娟等[57]根据试验结果，针对成都平原水稻生产种植，建议在原单施化肥的情况下，减少施用 20%的化肥，同时配合施用 3 000 kg/hm^2 有机肥。

李杨等[60]对龙粳 31 水稻施用常规基肥减少 15%，减少的部分由蚯蚓粪代替，试验结果显示，水稻的返青分蘖不受影响，施用蚯蚓粪的水稻产量与常规肥相当或略有增产，同时能够改善土壤质量。白胜双等[61]针对三江 1 号、龙粳 26 的试验表明，两种水稻的理论产量均以施用生物肥 675 kg/hm^2、追施 225 kg/hm^2 的长城生物肥＋75 kg/hm^2 尿素的处理效果最佳，龙粳 26 号和三江 1 号的产量分别为 12 486.2 kg/hm^2 和 11 754.5 kg/hm^2，相对普通化肥处理分别增产 4.01％和 2.61％。霍立君[62]在多地的试验基地对空育 131、绥 02－6195、金选 1 号等水稻品种施用平安福生物有机肥，结果显示平安福生物有机肥促进返青增蘖，加快生育进程，增产效果较为明显。

除了产量以外，生物有机肥对于水稻稻米品质也有重大影响。有机营养源蚯蚓堆肥 100％的处理增加了土壤中微量营养物质（铁、锰、锌）的含量，从而提高了米粒的品质[63]。有机肥中单独添加粉煤灰的数量从 20 t/hm^2 增加到 40 t/hm^2，没有明显改变谷物的蛋白质含量[64]。与施用尿素相比，生物有机肥的施用会使得稻谷的精米率、出糙率和整精米率均有所提高[65]。直链淀粉含量和胶稠度能够反映稻米的食味品质，施用生物有机肥会降低稻米的直链淀粉含量，同时显著提高其胶稠度，这方面以施用顶农生物有机肥和蚯蚓肥的效果最为显著[66]。周江明[67]的研究结果表明，当有机肥占比在 20％～40％时，水稻中蛋白质含量会显著提升，精米率最高可达 74.6％，米品会相对软糯，风味较佳；但有机肥含量较高时会出现稻米易碎、垩白粒率增加、蛋白质含量降低等问题[68]。生物有机肥中的有效菌物在发酵过程中可产生多种生理活性物质，这些可溶性有机质能够被植物快速吸收，并促进植物良好的生长发育，因此，施用生物有机肥已经成为备受欢迎的选择，但目前市场上不同厂家生产的或同一厂家不同批次生产的生物有机肥，含氮量和有机质含量有所差异，因此施用的效果和持效性不一。所以人们可以根据目标需要，来选择合适的种类并注意适当控制用量，以达到最大收益[69]。

综上，施用生物有机肥对于水稻的产量和品质均有显著影响，其中有机肥用量是关键影响因子。当前商品有机肥、蚯蚓粪有机肥等在水稻生产中的试验和应用已有不少，但 EM 菌源发酵有机肥在水稻中的应用尚不多见。

1.2.2.2 施用生物有机肥对滨海土壤盐分的影响

在盐分离子组成上，滨海耕层土壤盐分离子主要由 K^{+}、Na^{+}、Ca^{2+}、Mg^{2+}、HCO_3^{-}、CO_3^{2-}、Cl^{-}、SO_4^{2-} 等组成。通常情况下，植物生长也离不开这些离子提供所需的养分，但是当这些离子浓度增加到一定程度后，反而会导致植物对水分的利用率下降，进而发生生理干旱和毒害作用。而生物有机肥的施用在盐碱化土壤的改良方面具有促进作用，能有效增加滨海土壤有机质的含量，并改良土壤结构，降低土壤容重，同时增加土壤含水率[70]，间接地使离子浓度趋于相对稳定。滨海土壤的阴离子主要以 Cl^{-} 和 SO_4^{2-} 为主，李攻科等[71]研究表明，天津滨海地区土壤中以 Na^{+} 为主要阳离子，Cl^{-} 为主要阴离子，其所占比例较其他离子多，并且这些水溶性离子分布是受多种因素共同控制的[72]。耿泽铭[73]研究认为施用生物有机肥对耕层土壤阳离子交换量、水溶性盐离子的含量具有显著改善作用。邵孝候等[74]对生物有机肥与滨海盐渍土壤水盐动态的关系进行探讨发现，单施生物有机肥或与化肥配合施用都可使耕层土壤盐分离子总量降低 15.6%～23.63%。Xie 等[75]研究表明，施用生物有机肥大大改善了土壤的理化性质，使土壤中的盐分离子总量显著降低，可以作为改善沿海地区表土盐分含量的有效办法。王涵[76]研究了不同有机物料对滨海土壤的改良效果，结果表明，相比于其他肥料，施用生物有机肥对土壤中可溶性盐含量的降低效果最佳，且最佳肥土比为 20%。Oo 等[77]研究表明，施用堆肥等生物有机肥可有效改善耕层土壤中阴阳离子的交换能力，使土壤盐分含量降低，在减轻盐渍土对作物的盐分胁迫和改善作物生长方面具有显著效果。李国辉等[78]研究表明，施用生物有机肥对滨海土壤降低土壤盐分具有促进作用。综上，生物有机肥的广泛使用可降低滨海耕层土壤的总盐分含量，有效帮助土壤脱盐，减轻盐分对作物的胁迫。

滨海土壤的盐分含量具有空间自相关性，土壤盐渍化有表聚现象，土壤盐分主要聚集在表土层（0～10 cm），并且土壤深度越深，其盐分含量越低，40 cm 以下的土壤层盐分含量趋于稳定[79]，这是因为只有很少比例的盐分会随着水分下渗至下层；而溶解度高、移动速度快的钠盐和氯化物会在高温蒸发下聚集到土壤表层[80]。研究表明，施用生物有机肥可以加快土壤总盐分的下降速率，其中 0～20 cm 的耕层土壤盐分改良情况优于下层[81]，这是因为生物有机肥可以使土壤表层水分的蒸发量减少，同时使盐分由下层向表层的移动速率下降，抑制土壤返盐现象，促进其脱盐，进而使盐碱地的土壤环境得以改善[82]。施用生物有机肥可以使土壤中的微生物更活跃，大量地利用土壤中的盐基离子，使 0～30 cm 耕作层的盐分均匀分布。因此，施用生物有机肥主要作用于滨海土壤的耕作层，对土壤下层的降盐效果没有很明显，但是因为土壤下层的盐分含量不高并且上层的土壤才是耕作所需的主要土壤，所以施用有机肥可以降低土壤耕作层的盐分含量，改变盐分在土壤里的分布，进而提高海滨地区农作物的产量[83]。

综上，生物有机肥对耕层土壤盐分影响显著，而对耕层以下土壤的影响较为有限，研究生物有机肥施用后耕层土壤盐分动态变化规律，对于理解生物有机肥对滨海土壤盐分的影响有重要的理论指导意义。

1.2.2.3 施用生物有机肥对滨海土壤其他理化指标的影响

土壤物理性质对作物的生长发育起到重要的作用[84-85]。但目前国内外进行生物有机肥对滨海土壤物理性质影响的研究较少，因此深入此研究对科学调控滨海土壤具有重要意义。耿泽铭[73]进行了有机肥和化肥不同配比的四组处理，探究其对土壤容重和电导率的影响，试验结果表明四组处理与对照组相比，土壤容重与电导率均有下降，其中全有机肥处理效果最为显著，由于电导率与土壤含盐量成正相关，因此施用生物有机肥能有效疏松土壤，改善土壤孔隙状况，并起到降低土壤含盐量的作用。热不哈提·艾合买提等[86]发现在几种不同的化肥和有机肥处理中，仅施生物有机肥的处理其土壤含水量增加比例最高，并呈显著性差异，土壤含水量与土壤容重呈反相关；其次为生物有机肥与化肥配合施用。Lekfeldt 等[87]研究了重复施用不同类型的农业肥料（液体牛粪和固体牛粪）和城市垃圾肥料（城市污泥和有机生活垃圾堆肥）对土壤物理性质的影响，发现施用有机生活垃圾堆肥增加了所有孔径类别的总孔隙度和绝对孔隙度。生物有机肥在改善土壤物理性质中扮演着重要的角色，其施用使滨海土壤的物理结构更益于作物生长。

化学性质方面，首先，国内外现有研究表明生物有机肥可以调节土壤

pH，使其趋于中性。邵孝候等[88]对 pH 为 6.85 的偏酸性土壤进行了不同比例生物有机肥与化肥混合施用的处理，发现使用纯生物有机肥可以显著提高土壤 pH，升高了 0.25，而使用纯化肥则显著降低土壤 pH，降低了 0.31($p<0.05$)。生物有机肥施用的比例越高，则土壤 pH 的升幅越大，土壤越趋于中性。Moore 等[89]认为施用石灰进行酸性土壤酸碱值的调节，会导致土壤 pH 先升高后降低，而施用生物有机肥时并未发现该现象。耿泽铭[73]对不同开垦年限的盐碱地施用生物有机肥，发现施用生物有机肥之后 4 个月里，盐碱地土壤 pH 逐步下降，并且随着施用肥料量的增加与使用时间的延长，pH 下降越来越明显，说明生物有机肥能有效改善盐碱地土壤。高亮等[90]对潍坊滨海盐土进行改良，设置不改良、化学改良法以及施用生物有机肥的对照，发现在投入量相同的情况下，生物有机肥处理组土壤 pH 显著提升。Jiang 等[91]对沿海盐渍土壤进行四种不同施肥方案的处理（即 100％的生物有机肥，70％的生物有机肥＋30％的化肥，30％的生物有机肥＋70％的化肥，100％的化肥），结果表明，生物有机肥可以降低土壤 pH，但并不是影响土壤生态系统细菌菌落的关键因素。

其次，施用生物有机肥影响土壤化学指标中的有机质含量。土壤有机质是指土壤中所具有的组成固态物质的含碳成分，是植物生长所需的营养元素的主要来源，也是衡量土壤肥力以及土壤退化程度的重要指标[92]。研究发现，随着土壤中有机质含量升高，土壤盐渍程度会明显下降，而随着土壤盐渍化程度的升高，土壤中有机质含量则会降低[93]。为提高滨海土壤有机质含量，改善滨海土壤现状，采取不同的施肥管理方式是一项非常有效的应对方案，而在众多施肥管理方式中，生物有机肥的使用对土壤有机质的含量具有最明显的改善效果，也就是说，其显著增加了土壤肥力[94]。这是因为生物有机肥这种偏酸性肥料，含有大量的土壤有机质及有益微生物成分，能产生大量的有机酸，使土壤中的迟效态氮磷钾不断释放出来，并加速土壤中矿物质的溶解，促进养料的有效化[95]。

最后，施用生物有机肥影响土壤化学性质中的营养元素含量。氮磷钾是作物营养的三大要素，对作物有促进生长、增加品质、提高产量的作用。滨海土壤盐渍化严重，因此提高滨海土壤中的氮磷钾含量从而增加土壤中的营养成分至关重要。生物有机肥养分丰富，增加生物有机肥的用量有利于提高盐碱土中的氮磷钾含量，王涵[76]研究表明土壤中的有效磷、速效钾和碱解氮含量均与生物有机肥用量的增加量呈正相关。孔涛等[96]的研究也得出了相似的结论，他们研究发现总氮、磷、钾的含量具有相同的变化，此外生物有机肥对速效磷和速效钾含量的影响明显优于等氮量化肥和牛粪。Zhang 等[97]采用盆栽试验研究了生物有机肥对土壤氮素供应特性的影响，结果表明，与原稻草的应用相比，生物有机肥和无机氮肥的共同应用可以提高碳和氮的含量，且增加的百分比可达 300%～400%。另外，生物有机肥具有较高的磷含量，会导致土壤有效磷含量升高。殷培杰等[98]研究表明土壤有效磷的含量会随着生物有机肥含量的增加而增加，其中发酵鸡粪组分除了能提高土壤钾的有效性以外，还可以显著提高土壤中速效钾的含量和作物吸收量。Ren 等[99]研究发现，生物炭和植物根际促生菌(PGPR)的复合施用，增加了土壤总钾和 NO_3^- - N 的含量，但显著降低了土壤全磷和 NH_4^+ - N 的含量。

1.2.3 隔离层埋设对“水稻-土壤”系统影响的研究进展

1.2.3.1 隔离层埋设对水稻产量和品质的影响

采用隔离层埋设手段可以增加苗床温度、延长积温、减轻低温环境对水稻生长的影响，进而间接提高水稻产量。朱宏等[100]分别以封闭稻壳、发泡塑料、开放稻壳作为隔离层材料，对北方旱地水稻苗床增温育苗高产机理进行探究，结果显示，采用隔离层材料可以使苗床温度显著提高，平均提高 3.77℃，且秧苗素质均好于常规育苗，平均增产 2%。高原等[101]研究表明，稻壳、发泡塑料隔离层使苗床升温效果明显，相比常规育苗平均升温 3.98℃，产量提高 3.9%。朱德华等[102]的研究结果显示，采用稻壳隔离层育苗比常规育苗升温 3.2℃以上，增产 7%。孙丽华等[103]采用苯板及稻壳隔离层进行隔寒增温育苗，分别增产 13%和 16%，与李哲帅[104]的研究结果相似。值得注意的是，隔离层埋设产生增温效果，减轻低温胁迫而导致产量增加，但如果播种期较晚、气温较高时采用隔离层埋设，则容易导致高温危害。陈焕文[105]研究显示，采用软盘隔离层可能导致高温危害，影响稻芽质量，而高温或使水稻生长速率加快，颖果变小，导致单产下降[106]。曲金玲[107]为解决这一问题使用塑料编织袋作隔离层，既保证了育秧的要求又避免了起秧时损伤根系，对采用这种方式和不作处理两种方式育出的水稻苗后期产量进行统计，隔离层育苗产量为 8 320.1 kg/hm^2，而不作处理的对照组为 7 825.4 kg/hm^2，使用隔离层育苗增产达 6.32%。高原等[101]为解决黑龙江春季低温对育苗的影响，利用稻壳、发泡塑料保温材料作为隔离层，提高地温，未作处理的秧苗产量为 8 314.5 kg/hm^2，稻壳隔离层育苗产量为 8 707.5 kg/hm^2，增产 4.7%，发泡塑料隔离层育苗产量为 8 566.5 kg/hm^2，增产 3.0%。同样在黑龙江地区使用稻壳作为隔离层，朱德华等[102]发现埋设隔离层的秧苗，各项指标均高于未经处理的空白对照组：出苗时间提前 4～5 d，叶龄值多 0.8～0.9 个，各项生育进程提前 1～2 d，两处作业站产量分别提高 7%和 7.7%。

隔离层埋设对水稻品质影响的研究还较为匮乏。然而，总体来看，隔离层的埋设对水稻品质的影响利大于弊。从土壤层面分析，隔离层埋设草、秸秆、地膜均能改良稻田土壤的生态效应，从而有利于水稻的茁壮成长。其中干草和秸秆能一定程度上提高土壤肥力。从稻粒品质方面分析，隔离层的埋设对于稻粒的垩白粒率、垩白度降低，胶稠度增加，蛋白质含量增加和产量增加等几个因子的影响较大，尤其是覆盖草和秸秆，经过腐殖质的转化，可以显著增加稻粒的氨基酸含量，从而改善水稻的食味性。虽然有的学者认为埋设地膜隔离层会使水稻的无效分蘖增多，但最终收获的水稻与裸地种植的相比，在质量和产量上都有所提高[108-109]。综上，现阶段对于隔离层影响水稻品质的研究主要集中在地表隔离层，而秸秆隔离层埋设下，水稻品质的响应机制尚待深入挖掘。

1.2.3.2 隔离层埋设对滨海土壤盐分的影响

在滨海地区土壤中埋设秸秆隔离层能够降低土壤的含盐量。Zhao 等[110]在关于秸秆隔离层的深度对作物产量影响的研究中指出，不同的秸秆隔离层埋设方法均会对土壤水盐分布造成影响。赵永敢等[111]通过室内土柱的模拟试验发现，秸秆隔离层对地下水蒸发造成的土壤盐分上移有较好的阻隔作用，隔离层上下部存在明显的盐分浓度差异。郭相平等[112]在关于秸秆隔离层对滨海盐渍土水盐运移影响的研究中也得到了相似的研究结果，在土壤表面水分下渗的过程中，秸秆隔离层将水分留在隔离层，增加了土壤表面含水量而使土表含盐量降低。Zhang 等[113]在研究中指出秸秆隔离层通过改变土壤结构来影响土壤水分的渗入能力从而降低土壤的含盐量。滨海地区土壤盐分含量高，透气性不好、易板结[114]，导致土地难以利用，在滨海土壤中埋设秸秆隔离层，秸秆之间形成的孔隙比原滨海土壤孔隙大，打破了滨海土壤的连续性，切断了土壤的毛细管，当地表水分向地下移动时，秸秆隔离层上部水分由于孔隙差异无法下渗，隔离层下部的土壤盐分也因此无法随土壤毛细管水到达表层，盐分在隔离层下部积累，隔离层上部土壤中的水分增加而使土壤的含盐量降低。

除秸秆隔离层外，前人还对蛭石、陶粒隔离层对滨海土壤盐分的影响进行了广泛研究。蛭石是一种天然的黏土矿物，它表面带负电荷，具有大量的微孔结构，因其巨大的吸附能与表面能而对土壤中的重金属有很强的吸附作用[115]。陶粒是一种低密度的陶质颗粒，其内部的微孔结构呈现为蜂窝状，且排列细密。土壤的盐渍化问题对于农业及林业等的可持续发展有较为严重的影响[116]，而滨海地区的土壤是比较典型的盐渍土类型，应主要从促进地表水的排出以及阻止地下水的上升两方面对土壤进行隔盐[117]，对滨海地区的土壤埋设隔离层是一种较为普遍的改良方法。王琳琳等[118]研究探讨使用不同的隔盐材料对滨海盐渍土的水盐动态的影响，试验结果表明，陶粒的显著降盐效果体现在 40～80 cm 的土体中，而蛭石的降盐效果在 40～60 cm 的土层中显著体现。张薇等[119]以沸石、陶粒、蛭石三种不同隔盐层为试验材料，研究对象选取被划分为滨海重度氯化盐土的天津市滨海新区，探究三种材料对盐土理化性质的改良作用，得出三种材料的脱盐率分别为 72.4%、60.6%、40.2%。李素艳等[120]关于滨海土壤盐渍化特征及土壤改良的研究表明，沸石作隔离层不仅降盐效果好，而且能够防止土壤的进一步碱化。Shi 等[121]研究表明，不同隔离层的厚度也会影响土壤的盐化。

1.2.3.3 秸秆隔离层对滨海土壤其他理化指标的影响

“秸秆还田”的生态理念被人们广泛应用到改良土壤的科学研究中，其中玉米及水稻秸秆隔离层在改良滨海土壤理化性质的研究中有较大的进展。玉米秸秆隔离层处理可使滨海盐碱土养分含量增加、碱化指标大幅度改善，还可消除土壤盐分对土壤微生物活性的负面影响。范富等[122]使用玉米秸秆隔离层处理滨海盐碱土，四年后发现土壤有机质含量增加，碱解氮、速效磷和速效钾的含量增加，土壤碱化度下降。同时，Xie 等[123]发现在玉米秸秆分解过程中，大量的可溶性有机碳（DOC）被释放到盐碱地中，缓解了土壤的养分限制，使土壤微生物活性得到改善。

水稻秸秆隔离层处理可以增强滨海盐渍型水稻土的供氮能力，加速土壤团聚体的形成，减少盐积累。赵雅[124]发现在秸秆处理下，滨海盐渍型水稻土有机碳含量显著增加，随着培养时间的延长，氮矿化量也有所增加，土壤中的蔗糖酶、蛋白酶和脲酶均呈现明显的增长趋势。Xie 等[75]发现秸秆隔离层中的有机碳被释放到土壤中后，土壤从微团聚体到大团聚体的团聚进程加快，而土壤团聚体的形成对于土壤孔隙度的提升有重要的作用。丛萍等[125]通过不同量粉碎秸秆的深埋试验，发现在提高秸秆用量之后，0～40 cm 深度的土壤蓄水能力显著提高，亚土层土壤养分含量显著增加且能在较长的时间尺度内维持土壤肥力。

秸秆隔离层还可通过与其他措施配合使用影响土壤理化性质。汤宏等[126]通过对秸秆进行翻埋还田，设置不同秸秆还田的三个秸秆还原量参数和间歇灌溉、长期淹水两种水分管理模式，对稻田土壤中的可溶性有机碳、可溶性有机氮和微生物量碳氮进行不同处理的比对分析，发现在长期水淹条件下，高量秸秆还田在提升土壤可溶性有机碳氮和提高土壤微生物量碳氮的效果上表现较好；而在间歇灌溉条件下，低量秸秆还田在提高土壤微生物量碳氮和增加土壤可溶性有机碳氮含量方面具有较好的表现。赵金花等[127]通过对秸秆与氮肥配施进行深埋研究发现，这一联合施用技术可以显著增加土壤有机质含量和不同形态氮素含量。Zhao 等[110]通过长期沟埋秸秆研究发现，秸秆埋设可以显著增加土壤有机碳的积累量，少耕或免耕与秸秆翻埋相结合可以提高土壤有机碳含量和质量。Yang 等[128]通过四年大田沟埋秸秆试验和配套温室试验研究发现，沟埋秸秆改变了氮的空间分布，秸秆层以上的土壤氮含量显著增加，而秸秆层以下氮含量显著较低，温室试验进一步证明了秸秆层的提升氮含量的效果。

除秸秆外，一些填埋材料如脱硫石膏、沸石等的应用在改善滨海土壤盐碱化方面也取得相当不错的效果。有研究表明，以沸石作为隔盐层，对0～20 cm和40～60 cm土壤含水量提升有显著的促进效应，并且可以有效去除土壤盐分离子、降低土壤容重和提升土壤孔隙度，进而改善土壤结构，提高土壤的透水性和通气性，有利于植物根系、土壤动物以及微生物的活动[118]。

1.2.4 多指标决策模型在农业管理方案优选中的应用

多指标决策模型是决策科学、系统工程、管理与运筹学等领域的研究热点。近年来，随着跨学科、多学科的学科交叉融合，多指标决策模型大量应用于农业生产、农田水利、土壤改良等方面。如何更好地将农业与现代决策科学相结合，成为亟待解决的问题。目前，主要的多指标决策模型包括投影寻踪分类模型、熵权系数评价模型、层次分析模型、主成分分析模型、聚类分析模型、模糊综合评判模型等。

投影寻踪分类（PPC，Projection Pursuit Classification）模型是在投影寻踪基础上建立的综合评价模型，稳健性高，能降低系统复杂性和无关因素对结果的干扰，避免主观性，解决多种问题[129]。在研究农田水稻灌溉方面，李芳花等[130]用基于粒子群优化算法的投影寻踪分类模型确定了产量是评定灌溉方案最重要的指标，且对灌溉效果的影响最大，株数对灌溉效果的影响最小，地上干物质重、叶面积指数、水分生产率、株高、千粒重、无效分蘖和株数决定水稻种植灌溉管理的产量潜力。叶素飞等[131]测定灌溉水利用率、番茄果实产量、不同土层土壤电导率（EC）和一些反映果实品质的指标，采用主成分分析法和投影寻踪分类模型，系统全面地比较多种暗管埋设策略，证明较密（间距6 m）的暗管布局和较浅（埋深0.6 m）的暗管布局能提高番茄综合品质，埋深0.8 m、间距8 m的暗道布局的综合效益是最好的。

熵权系数法在农田水利、土壤改良、肥料运筹方案的优选和评价中应用广泛[132-133]。张星星等[134]设计了3种不同灌溉策略和3种不同灌溉水定额，以番茄可销售产量、品质指标、土壤养分指标等6项指标为评价依据，优选出

180 m^3/hm^2 滴灌定额的最优综合效益节水灌溉方案。毛心怡等[135]则设计了浅水勤灌、控制灌溉等 6 种水稻灌溉模式，运用熵权系数法综合评估土壤速效氮磷存储能力，结果表明，蓄水控灌具有最佳的土壤速效氮磷存储能力。张国伟等[136]用熵权系数法在江苏滨海土壤上筛选出中棉所 49 号、苏杂 6 号和中棉所 79 号三个适合盐碱地种植的棉花品种。主成分分析法在土壤质量、肥料运筹、农田水利、滨海土壤改良等领域也有广泛应用[137]。一般认为主成分分析法可以减小各变量间的相关性所引起的误差，形成互不干涉的主成分，得到每个指标对于决策结果的贡献大小，同时通过精确计算得到主成分综合评价得分，从而实现对土壤质量、土壤矿物质、土壤含盐量、肥料所含的每个成分以及肥料配方、肥料施用量等的精确评价[138]。李素艳等[120]在滨海土壤盐渍化特征及土壤改良的研究中发现，盐碱土的形成过程受气候、地形地貌、水文、生物及人类活动的影响，不同地区土壤的盐渍化特征因子和盐渍化程度有所不同，因此他们认为可以通过盐渍化程度、类型、盐渍土分布以及土壤盐渍化发展方向等因素建立综合评判模型，为改良滨海土壤的盐渍化提供理论参考。

1.2.5 尚待研究的问题

从上述分析可知，目前单一改良措施如灌排、施用生物有机肥、设置隔离层对滨海土壤影响的研究已有不少，不同措施相结合的联合改良措施对“土壤-作物”系统的影响也有一些报道。但不难看出，联合改良措施对水稻产量品质和滨海土壤理化性质的影响还缺乏系统的、全面的研究。

联合改良措施的科学研究最终需要落地转化为生产实践，这些措施在实际应用中的成本和经济效益如何，是否会造成使用者经济投入上的负担，尚有待深入思考。本研究针对上述问题，一方面系统研究不同联合改良措施对水稻产量和品质、滨海土壤理化特性的影响，另一方面引入经济效益评价体系及多指标决策模型，旨在优选出综合效益最佳的联合改良技术措施。

1.3 研究内容

本研究针对沿海垦区土壤特点，结合高效农业节水灌溉技术、EM 有机肥技术和隔离层技术，研究沿海垦区土壤降渍脱盐的联合改良技术，形成系统完善的沿海垦区土壤改良技术体系。研究内容包括：

①土壤联合改良技术方案。优选并集成灌排洗盐、有机肥替代化肥降盐改土和隔离层控盐等措施，提出适合江苏沿海垦区特点的土壤联合改良技术方案。

②联合修复技术对土壤改良的耦合效应研究。对灌溉排水、改土培肥、农艺耕作等交互作用下的土壤改良机理和效果进行研究。

③联合改良技术评价模型的构建。通过综合考虑耕地质量、作物产量和品质及经济效益，构建多指标评价模型。

第二章 | 试验材料与方法

2.1　试验地概况

试验于2018年在东台市沿海垦区进行，东台市位于中纬度亚洲大陆东岸。根据《东台年鉴(2019)》，东台市2018年平均气温16.0℃，比常年平均气温15.0℃偏高1.0℃；全年极端最高气温36.4℃，出现在7月26日；极端最低气温−8.4℃，出现在1月12日。2018年总降水量1 190.0 mm，比常年平均总降水量1 061.2 mm偏多128.8 mm。6月28日入梅，7月8日出梅，梅雨期共10 d，梅雨期雨量229.4 mm。2018年总日照时数2 044.1 h，比常年平均总日照时数2 130.5 h偏少86.4 h。2018年蒸发总量891.6 mm，比常年平均蒸发总量882.8 mm偏多8.8 mm。

试验地土壤类型为黏壤土。耕作层(0～20 cm)基本理化性质为盐分质量分数3.10 g/kg，有机质1.8%，总氮1.05 g/kg，速效磷15.8 mg/kg，速效钾114.3 mg/kg，容重1.45 g/cm^3，田间持水量23.3%。砂粒含量38.3%，粉粒含量38.1%，黏粒含量23.6%。

2.2　试验设计

2.2.1　灌排技术与EM有机肥联合改良试验设计

试验以中籼稻品种盐稻4号(原代号91－3)为供试材料，采用测筒试验和野外田间试验相结合的方法(用于分析的数据为筒栽和田间试验的均值)，前期无作物试验已证明，暗管间距8.0 m、埋深1.2 m对暗管上方及相邻暗管之间耕层土壤综合去盐效果最优。因此，在灌排方案设计时，仅考虑不同灌溉量。

灌溉采用控制灌溉的方法，设计小灌溉量(I1)、中灌溉量(I2)和高灌溉量(I3)。I1和I3的灌溉量分别为I2的70%和130%，各处理灌溉时间和灌溉方式均保持一致，仅灌溉量有差异。I2灌溉方法如下：在泡田时整平耙细可以减少泡田时的无效耗水，每667 m^{2}可以节约水量30～50 m^3，而泡田的用水量为 80～100 m^3，泡田土壤控水下限是 85%的土壤饱和含水率；花达水返青，秧苗移栽后 6～10 d 灌溉第一次水(20 mm)，这一阶段控水下限为 90%的土壤饱和含水率；分蘖初期控水上限以水层深度计，为 20～50 mm，控水下限是 90%的土壤饱和含水率，这一时期遇降雨时蓄雨深度小于等于 50 mm；分蘖中期控制水层深度不高于 20 mm，控水下限为 90%的土壤饱和含水率，遇降雨蓄雨深度小于等于 50 mm；分蘖末期及时进行晒田工作，控水下限为 80%的土壤饱和含水率，控水上限为土壤饱和含水率；拔节孕穗期到抽穗开花期，每灌溉一次水，露几次田，灌水以水分降低到 90%土壤饱和含水率为下限，上限以水层深度为依据，不高于 20 mm，有降雨则不进行灌溉，降雨时土层蓄水深度小于等于 50 mm；乳熟期，对于土壤的要求是表面干，但土壤呈湿润状态，这一阶段蓄雨上限控制在 20 mm 以下，控水下限是 80%土壤饱和含水率；黄熟期，控水下限和上限分别是 70%和 100%的土壤饱和含水率。

试验除了设计 3 种不同水分梯度外，还设计 3 种不同 EM 有机肥施用量处理。采用有机无机肥配施的方法，各处理均施用相同的纯氮素化肥尿素 180 kg/hm^2，EM 有机肥分为 1 500 kg/hm^2、3 000 kg/hm^2 和 4 500 kg/hm^2 三个不同梯度，分别记为 F1、F2 和 F3。EM 有机肥作为基肥一次性施入，尿素在水稻 2 叶 1 心、5～6 叶和倒 4 叶、倒 2 叶时各施用 1 次。另以当地习惯的尿素施用方法为对照，用量为 250 kg/hm^2。

EM 有机肥(由南京蔬菜花卉研究所提供)，由 EM 发酵液、秸秆、豆粉和粪便等发酵而成，含 N 5%、P_2O_5 2.5%、K_2O 1.5%。磷肥和钾肥按照当地习惯施用，不同处理不设计差异梯度。常规打药、除草等田间管理亦依照当地习惯进行，各处理保持一致。

2.2.2 EM 有机肥与隔离层联合改良试验设计

试验采用中籼稻品种盐稻 4 号(原代号 91－3)为供试材料。试验共设计 3 种不同 EM 有机肥施用量处理。采用有机无机肥配施的方法，各处理均施用相同的纯氮素化肥尿素 180 kg/hm^2，EM 有机肥分为 1 500 kg/hm^2、3 000 kg/hm^2 和 4 500 kg/hm^2 三个不同梯度，分别记为 F1、F2 和 F3。EM 有机肥作为基肥一次性施入，尿素在水稻 2 叶 1 心、5～6 叶和倒 4 叶、倒 2 叶时各施用1次。另以当地习惯的尿素施用方法为对照，用量为250 kg/hm^2。EM有机肥（由南京蔬菜花卉研究所提供），由EM发酵液、秸秆、豆粉和粪便等发酵而成，含N 5%、P_2O_5 2.5%、K_2O 1.5%。磷肥和钾肥按照当地习惯施用，不同处理不设计差异梯度。常规打药、除草等田间管理亦依照当地习惯进行，各处理保持一致。

除不同施肥设计外，试验还设计3种不同的隔离层埋设深度。隔离层主材料为2～5 cm的干秸秆段，厚度为5 cm。秸秆层埋深分为30 cm、40 cm、50 cm三个不同梯度，分别记为D1、D2、D3。试验以当地传统栽培（化肥处理、无隔离层）为对照，则共有3×3+1=10种处理方案。

2.2.3　灌排技术和隔离层联合改良试验设计

试验以中籼稻品种盐稻4号（原代号91-3）为供试材料，采用测筒试验和野外田间试验相结合的方法（用于分析的数据为筒栽和田间试验的均值），前期无作物试验已证明，暗管间距8.0 m、埋深1.2 m对暗管上方及相邻暗管之间耕层土壤综合去盐效果最优。因此，在灌排方案设计时，仅考虑不同灌溉量。

灌溉采用控制灌溉的方法，设计小灌溉量（I1）、中灌溉量（I2）和高灌溉量（I3）。I1和I3的灌溉量分别为I2的70%和130%，各处理灌溉时间和灌溉方式均保持一致，仅灌溉量有差异。I2灌溉方法如下：在泡田时整平耙细可以减少泡田时的无效耗水，每667 m^{2}可以节约水量30～50 m^3，而泡田的用水量为80～100 m^3，泡田土壤控水下限是85%的土壤饱和含水率；花达水返青，秧苗移栽后6～10 d灌溉第一次水（20 mm），这一阶段控水下限为90%的土壤饱和含水率；分蘖初期控水上限以水层深度计，为20～50 mm，控水下限是90%的土壤饱和含水率，这一时期遇降雨时蓄雨深度小于等于50 mm；分蘖中期控制水层深度不高于20 mm，控水下限为90%的土壤饱和含水率，遇降雨蓄雨深度小于等于50 mm；分蘖末期及时进行晒田工作，控水下限为80%的土壤饱和含水率，控水上限为土壤饱和含水率；拔节孕穗期到抽穗开花期，每灌溉一次水，露几次田，灌水以水分降低到90%土壤饱和含水率为下限，上限以水层深度为依据，不高于20 mm，有降雨则不进行灌溉，降雨时土层蓄水深度小于等于 50 mm；乳熟期，对于土壤的要求是表面干，但土壤呈湿润状态，这一阶段蓄雨上限控制在 20 mm 以下，控水下限是 80%土壤饱和含水率；黄熟期，控水下限和上限分别是 70%和 100%的土壤饱和含水率。

除不同灌排设计外，试验还设计了 3 种不同的隔离层埋设深度。隔离层主材料为 2～5 cm 的干秸秆段，厚度为 5 cm。秸秆层埋深分别为 30 cm、40 cm、50 cm，分别记为 D1、D2、D3。不同处理水稻施肥方式一致，不设计梯度差异。在水稻 2 叶 1 心、5～6 叶和倒 4 叶、倒 2 叶时施用肥料(施尿素 250 kg/hm^2)。常规打药、除草等田间管理亦依照当地习惯进行，各处理保持一致。试验以当地传统栽培的漫灌和无隔离层埋设为对照，则共有 3×3+1=10 种处理方案(详见表 2-1)。

表 2-1　试验设计

灌排技术与 EM 有机肥联合改良		EM 有机肥与隔离层联合改良		灌排技术与隔离层联合改良	
I1F1	低水+低肥	F1D1	低肥+浅埋	I1D1	低水+浅埋
I1F2	低水+中肥	F2D1	中肥+浅埋	I2D1	中水+浅埋
I1F3	低水+高肥	F3D1	高肥+浅埋	I3D1	高水+浅埋
I2F1	中水+低肥	F1D2	低肥+中埋	I1D2	低水+中埋
I2F2	中水+中肥	F2D2	中肥+中埋	I2D2	中水+中埋
I2F3	中水+高肥	F3D2	高肥+中埋	I3D2	高水+中埋
I3F1	高水+低肥	F1D3	低肥+深埋	I1D3	低水+深埋
I3F2	高水+中肥	F2D3	中肥+深埋	I2D3	中水+深埋
I3F3	高水+高肥	F3D3	高肥+深埋	I3D3	高水+深埋
CK	当地传统处理	CK	当地传统处理	CK	当地传统处理

2.3　测定项目与方法

2.3.1　灌排技术与 EM 有机肥联合改良试验

(1) 水稻产量：水稻产量按照实际产量计产，换算成 kg/hm^2。

（2）水稻品质：以《稻谷整精米率检验法》（GB/T 21719—2008）中的重要指标整精米率作为水稻品质评价的主要指标。

（3）土壤盐分质量分数：每隔 15 d 用五点法采集一次耕层（0～15 cm）土壤样品，混合均匀后，测定其盐分质量分数。

（4）土壤理化指标：在水稻成熟期末期（9 月 18 日）用土钻采集耕层（0～15 cm）土壤样品，所取土样在室内风干，去杂，研磨，过 0.15 mm 孔径筛后，用重铬酸钾-硫酸氧化外加热法测定土壤有机质含量。同时，采用环刀法采集原状土，测定土壤容重、土壤孔隙度和田间持水量。

2.3.2 EM 有机肥与隔离层联合改良试验

（1）耕层土壤含盐量（g/kg）：采用五点取样法，每月 15 日采集土壤样品，将样品自然干燥并研磨后测定含盐量。

（2）土壤主要物理性状：采用环刀采样器采集土壤样品，测定土壤容重、孔隙度和田间持水量。

（3）土壤速效养分浓度：将 0～20 cm 土层的土壤样品风干后，经 2 mm 筛分，测定土壤有效养分浓度。采用碱溶液扩散法测定速效氮浓度；采用碳酸氢钠萃取法测定速效磷浓度；采用乙酸铵萃取法测定速效钾浓度。

（4）水稻产量：水稻产量按照小区实际产量计，换算成 kg/hm^2。

2.3.3 灌排技术和隔离层联合改良试验

（1）耕层土壤含盐量（g/kg）：采用五点取样法，每月 15 日采集土壤样品，将样品自然干燥并研磨后测定含盐量。

（2）土壤主要物理性状：采用环刀采样器采集土壤样品，测定土壤容重、孔隙度和田间持水量。

（3）土壤速效养分浓度：将 0～20 cm 土层的土壤样品风干后，经 2 mm 筛分，测定土壤有效养分浓度。采用碱溶液扩散法测定速效氮浓度；采用碳酸氢钠萃取法测定速效磷浓度；采用乙酸铵萃取法测定速效钾浓度。

（4）水稻产量：水稻产量按照小区实际产量计，换算为 kg/hm^2。

2.4 数据分析

显著性分析和方差分析采用 SPSS 17.0 软件，依据邓肯多重范围检验(Duncan's multiple range test)，不同字母表示在 0.05 水平上差异显著。

第三章｜灌排技术与 EM 有机肥联合改良对土壤和作物产量的影响

3.1　不同水肥处理对水稻产量的影响

图 3-1 所示为不同水肥改良技术对水稻产量的影响。由该图可以看出，水稻产量总体上随施肥量的增加呈上升趋势，在 I2 和 I3 灌溉量下不同处理水稻产量呈现显著差异（$p<0.05$），但在 I1 条件下 F1 和 F2 处理水稻产量没有显著差异（$p>0.05$）。在 9 个处理中，I2F3 处理的水稻产量最高，达到 8 500 kg/hm^2，而 I1F1 处理的水稻产量最低，仅为 7 311 kg/hm^2。

在相同施肥量条件下，总体上 I2 灌溉处理的水稻产量处于最优水平，表明控制灌溉下中等灌溉量有利于水稻产量的提高，而过高或者过低的灌溉量均会对水稻产量形成负面影响。

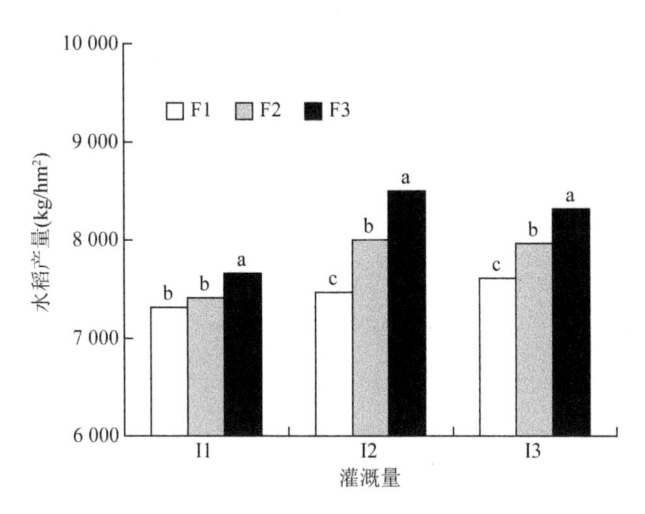

图 3-1　不同水肥处理对水稻产量的影响
（相同灌溉量条件下不同字母表示在 0.05 水平上有显著差异，I1、I2、I3 分别表示低水、中水和高水，F1、F2 和 F3 分别表示低肥、中肥和高肥）

3.2　不同水肥处理对水稻品质的影响

表 3-1 所示为不同水肥处理对水稻主要品质指标的影响。由该表可知，在不同灌溉量处理下，垩白粒率随有机肥施用量的增加有所下降。在 I1 处理

下 I1F2 和 I1F3 垩白粒率没有显著差异（$p>0.05$）；在 I2 处理下，I2F1 和 I2F2 垩白粒率没有显著差异（$p>0.05$）；在 I3 处理下，I3F1 和 I3F2 垩白粒率没有显著差异（$p>0.05$）。不同水肥处理中，I2F3 处理的垩白粒率最低，仅为 22.8%，而 I1F1 处理的垩白粒率最高，达到了 27.6%。从垩白粒率这一单因素来考虑，I2F3 处理的水稻处于较优水平。

整精米率也是反映水稻品质的重要指标，从表 3-1 中可以看出，整精米率总体上随有机肥施用量的增加呈上升趋势，但 I1 条件下差异并不显著。I1 处理的水稻整精米率差异并不明显。在不同处理中，I3F3 的整精米率最高，达到 67.4%，与 I2F3 处理之间差异较小，CK 处理的整精米率最低，仅为 61.1%。

不同处理的水稻支链淀粉含量差别不大，这可能与品种有关。I2 和 I3 处理下，不同施肥对支链淀粉含量的影响存在一定的差异，总体上看 I2F3 处理的支链淀粉含量最高，达到 75.8%，而 CK 处理最低，仅为 75.1%。

表 3-1　不同水肥处理下水稻主要品质指标

处理	垩白粒率(%)	整精米率(%)	支链淀粉含量(%)
I1F1	27.6a	65.6a	75.4a
I1F2	25.8b	64.1a	75.3a
I1F3	24.1b	66.2a	75.3a
I2F1	25.4a	63.1c	75.4b
I2F2	24.3a	66.8b	75.6a
I2F3	22.8b	67.2a	75.8a
I3F1	25.7a	63.1c	75.2b
I3F2	24.9a	65.8b	75.6a
I3F3	23.1b	67.4a	75.7a
CK	29.7	61.1	75.1

注：同一灌溉量条件下不同字母表示在 $p<0.05$ 水平上差异显著。I1、I2、I3 分别表示低水、中水和高水，F1、F2 和 F3 分别表示低肥、中肥和高肥。

3.3　不同水肥处理下耕层土壤盐分质量分数的动态变化

图3-2所示为不同水肥处理对耕层土壤盐分质量分数动态变化的影响。总体来看，盐分含量呈波动性下降趋势，各时期的耕层土壤盐分质量分数均低于对照组。

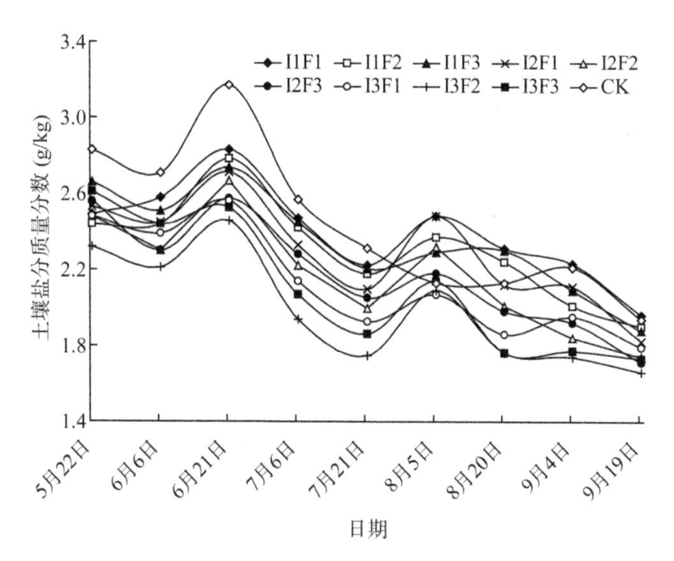

图3-2　不同水肥处理下耕层土壤盐分质量分数动态变化差异
（I1、I2、I3分别表示低水、中水和高水，F1、F2和F3分别表示低肥、中肥和高肥）

盐分质量分数在6月21日至7月21日出现明显下降，这可能是由于试验期间淋洗作用显著。7月21日至8月5日，盐分质量分数出现回升，于8月5日达到阶段性的峰值，这可能是由于进入高温期后出现了土壤返盐现象。在此之后，盐分质量分数缓慢下降。9个处理中，I3F2处理去除盐分的效果最好，至试验末期，耕层土壤盐分质量分数仅为1.66 g/kg，远低于对照处理CK。

3.4　不同水肥处理对耕层土壤理化指标的影响

不同水肥处理对耕层土壤理化指标的影响详见表3-2。如该表所示，相比于CK处理，不同处理土壤容重均有所下降。I1F3处理下土壤容重最小，为 1.33 g/cm^3。灌溉定额对土壤容重的单独作用显著($p<0.05$),其与生物有机肥对容重的交互作用显著($p<0.05$)。

不同水肥处理的土壤孔隙度较对照组均有明显增加。I1F3 处理土壤孔隙度最高,达到 49.81%,而 CK 处理最低,仅为 42.34%。灌溉量对土壤孔隙度作用不显著($p>0.05$),但施肥量对土壤孔隙度有极显著影响($p<0.01$),水肥耦合对土壤孔隙度有显著影响($p<0.05$)。

土壤有机质含量与施肥量呈明显的正相关,灌溉或施肥对土壤有机质含量均有显著影响($p<0.05$),但两者交互作用对其影响并不明显($p>0.05$)。

对比 CK 处理,不同水肥处理的土壤田间持水量均有不同程度的提高。其中 I1F3 田间持水量最高,达到 28.7%。灌溉、施肥和灌溉施肥交互对田间持水量的影响分别为显著($p<0.05$)、极显著($p<0.01$)和无显著影响($p>0.05$)。

表 3-2　不同水肥处理对耕层土壤理化指标的影响

处理	容重(g/cm^3)	总孔隙度(%)	有机质含量(%)	田间持水量(%)
I1F1	1.41a	46.91b	2.31b	26.2b
I1F2	1.35b	49.02a	2.33b	28.1a
I1F3	1.33b	49.81a	2.42a	28.7a
I2F1	1.43a	46.11b	2.33c	26.1b
I2F2	1.45a	45.25b	2.42b	25.9b
I2F3	1.36b	48.60a	2.64a	28.3a
I3F1	1.42a	46.49a	2.46c	25.9b
I3F2	1.48a	44.00a	2.53b	26.4b
I3F3	1.46a	44.83a	2.66a	28.1a
CK	1.53	42.34	2.34	24.2
I	*	ns	*	*
F	ns	* *	*	* *
I×F	*	*	ns	ns

注:同一灌溉量下不同字母表示在 $p<0.05$ 水平差异显著。* * 表示极显著相关($p<0.01$);* 表示显著相关($p<0.05$);ns 表示不显著相关。I1、I2、I3 分别表示低水、中水和高水,F1、F2 和 F3 分别表示低肥、中肥和高肥。

3.5 讨论

本研究发现，水稻的产量与灌水量和施肥量总体呈正相关。这是由于施肥促进了水稻的根系生长发育，进而增加了水稻对水分的吸收、提高了水稻植株的光合作用速率；适宜的水分条件更有助于提高水稻叶片的气孔导度，与此同时增施肥料有利于提高水稻叶绿素含量，促进光合作用，进而增加了水稻的产量[139]。尽管大量研究表明，提高灌水量能增加作物产量[140-142]，但Liu 等[143]与 Zotarelli[144]等学者也指出，过量的灌溉或施肥并不会增加产量。

相比无机肥处理，本研究中有机肥处理降低了土壤盐分含量。有机肥可减少土壤 NO_3^- 的累积，从而降低土壤盐分含量[145]，并增强酶和微生物活动，降低盐渍化引起的植物毒害[146]。盐分去除率随灌溉量的增加而增加，这与Sun 等[147]的研究结果一致。高灌水量降低了土壤贮水量消耗，减缓水分向上迁移，从而有效降低了上层土壤盐分的浓度[148]。Zhang 等[149]的研究认为，灌溉时浅层盐分被水分冲刷移至深层土壤，导致浅层土壤盐分含量降低，本试验中高灌溉定额下，耕层土壤盐分的大幅降低印证了其研究结论。

本研究中，与 CK 对照处理相比，不同试验处理增加了有机质含量、田间持水量以及土壤孔隙度，同时降低了土壤容重。Li 等[150]通过在棉花地里施用化学和生物有机肥的研究表明，配施有机肥能够显著提高肥力，并降低土壤容重。与此相似，Zhang[151]的研究表明，施用有机肥对改良土壤有较好的效果，其中每亩 200 kg 的酵素有机肥[青农肥(2007)准字 0001 号]处理使耕层土壤有机质含量增加了 25.3%。施用有机肥对土壤孔隙度和容重的影响机理是：有机肥中的大量微生物进入土壤中，而大量有机质经微生物分解后形成腐殖酸，它能使松散的土壤单粒黏结成为土壤团聚体，这一过程使土壤容重变小，孔隙度提高[152]。Nakayama 等[153]在试验中表明，增加灌水量可使更多的水分进入土壤孔隙、留在土壤中，提高了耕层田间持水量。本研究揭示了不同灌水量和施肥量对土壤性质和水稻产量品质的影响，总的研究结论表明水肥改良可以作为利用滨海滩涂土壤的方法之一，可以保证水稻产量和品质。然而，本研究在江苏沿海进行，在将本研究成果应用到其他地方时，应当注意气候、温湿度、土壤性质等可能存在不同。

3.6 本章小结

(1) 就综合产量和品质而言,不同水肥处理中,I2F3 处理表现最优,在该模式下,水稻产量达到 8 500 kg/hm^2,垩白粒率、整精米率和支链淀粉含量分别为 22.8%、67.2%和 75.8%。

(2) 在 9 个处理中,I3F2 处理去除盐分的效果最好,至试验末期,耕层土壤盐分质量分数仅为 1.66 g/kg,远低于对照处理 CK。

(3) 不同水肥改良技术有利于降低耕层土壤容重、提升孔隙度、提高有机质含量和增强土壤持水特性。从反映土壤结构的重要因子孔隙度来看,I1F3 处理土壤孔隙度最高,达到 49.81%。

第四章 | EM 有机肥与隔离层联合改良对土壤和水稻的影响

4.1 不同EM有机肥-隔离层处理下耕层土壤盐分质量分数的动态变化

图4-1反映了耕层土壤盐分的动态变化。施肥和秸秆填埋对土壤盐分的降低均有显著影响。EM有机肥施用量为中量时,除盐效果最好,说明EM有机肥能降低土壤含盐量,而当肥料施用量达到一定水平时,过量施肥会增加土壤盐分质量分数。这可能是由于在中等EM有机肥用量之下,有机肥对盐分离子的络合能力最强。在相同施肥量下,秸秆层埋藏深度最好的为D2,说明秸秆层埋藏过深或埋藏过浅都不利于降低耕层土壤盐分质量分数。总体而言,耕层土壤盐分除8月份略有增加外,总体呈波动性下降趋势。这可能是因为8月份较高的温度导致土壤返盐。蒸发可以促进土壤的返盐作用,从而增加了耕层土壤的盐分累积。从6月份的结果可以看出,施肥后不同处理的土壤盐分质量分数存在差异。CK条件下的最高,说明无机肥的施用会在短时间内增加土壤盐分质量分数,这一结果与我们前期在沿海地区的研究结果相似。之后,各个处理的盐分质量分数发生动态变化,且各处理间有一定

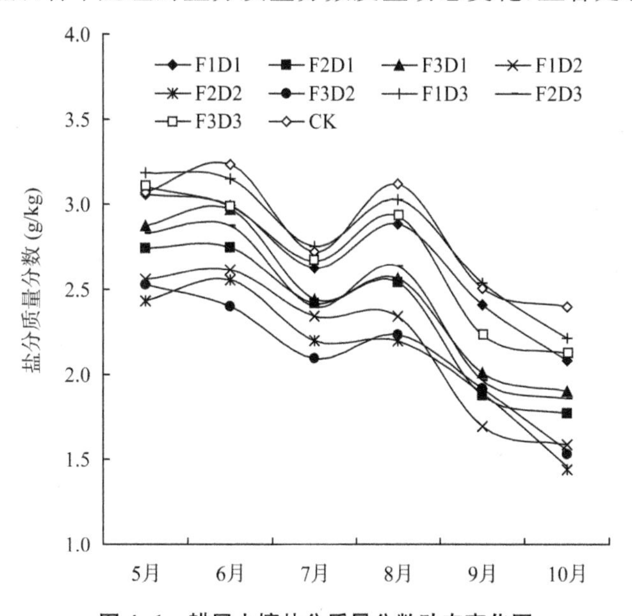

图4-1　耕层土壤盐分质量分数动态变化图

(F1、F2和F3表示低肥、中肥和高肥,D1、D2和D3表示隔离层浅埋、中埋和深埋)

差异。10月份盐分质量分数总体相对较低，其中F2D2最低，为1.35 g/kg；其次是F3D2，为1.46 g/kg；CK最高，为2.41 g/kg。5—10月耕层土壤盐分质量分数总体下降了25.4%～38.1%。与对照处理CK相比，EM有机肥-隔离层处理使耕层土壤盐分质量分数降低了10.1%～40.6%。

4.2 不同EM有机肥-隔离层处理对土壤理化指标的影响

表4-1所示为不同EM有机肥-隔离层处理对土壤理化指标的影响。F1D1处理的容重最低，为1.42 g/cm^3，但其与F2D1处理的差异并不显著($p>0.05$)。各处理间总孔隙度差异与容重相反，F1D1处理下总孔隙度最高，达到46.34%。与对照处理CK相比，各处理使土壤有机质含量提高了1.8%～23.1%；EM有机施肥处理之间总体上有显著差异，但不同隔离层埋深对有机质含量的影响并不明显。F2D2处理的田间持水量最大，为27.9%，显著高于同组其他处理。与对照处理CK相比，各处理使田间持水量提高了1.7%～17.7%。总体而言，EM有机施肥配合秸秆埋藏有利于提高总孔隙度、有机质含量、田间持水量并降低容重。这可能是因为微生物中的菌丝能够附着在土壤颗粒上，从而增加了土壤孔隙度和田间持水量。

如表4-1所示，秸秆埋藏和EM有机施肥的交互作用对四个指标的影响均为不显著($p>0.05$)。而EM有机肥对除有机质含量以外的其他指标的影响均为显著($p<0.05$)。隔离层埋深对耕层土壤总孔隙度和田间持水量影响显著($p<0.05$)。值得注意的是，四项指标虽都有改善，但改变幅度并不大，这可能是由于本试验只进行了一个水稻栽培季节，效果并不十分明显。

表4-1 不同EM有机肥-隔离层处理下耕层土壤理化指标

处理	容重(g/cm^3)	总孔隙度(%)	有机质含量(%)	田间持水量(%)
F1D1	1.42b	46.34a	2.37b	24.6b
F2D1	1.45ab	45.13ab	2.42ab	26.1a
F3D1	1.49a	43.96b	2.68a	27.6a
F1D2	1.44a	45.51a	2.54b	24.1b

续表

处理	容重(g/cm³)	总孔隙度(%)	有机质含量(%)	田间持水量(%)
F2D2	1.45a	45.13a	2.63ab	27.9a
F3D2	1.49a	43.85a	2.77a	24.3b
F1D3	1.50a	43.55a	2.29c	25.9b
F2D3	1.47a	44.38a	2.51b	27.2a
F3D3	1.47a	44.53a	2.66a	26.0a
CK	1.49	43.77	2.25	23.7
D	ns	*	ns	*
F	*	*	ns	*
D×F	ns	ns	ns	ns

注：同一施肥量下不同字母表示在 $p<0.05$ 水平差异显著。* 表示显著相关($p<0.05$)；ns表示不显著相关。F1、F2和F3表示低肥、中肥和高肥，D1、D2和D3表示隔离层浅埋、中埋和深埋。

4.3　不同EM有机肥-隔离层处理对土壤速效养分浓度的影响

表4-2为不同EM有机肥-隔离层处理下耕层土壤速效养分浓度。如表4-2所示，速效氮浓度范围为148.2～173.4 mg/kg，较对照组降低了3.2%～17.3%。这说明EM有机肥与无机肥相比，对提高土壤速效氮浓度没有明显的促进作用。在秸秆埋深相同时，较高EM有机肥施用量明显提高了土壤速效氮浓度；但秸秆埋深对土壤速效氮浓度的影响并不明显。土壤速效磷浓度范围为14.1～17.5 mg/kg。与对照处理CK相比，各处理使土壤速效磷浓度降低了4.9%～23.4%。在秸秆埋深相同时，较高的EM有机肥施用量小幅度提高了土壤速效磷浓度，但速效磷浓度与秸秆埋深关系不明显。

土壤速效钾浓度范围为114.7～132.5 mg/kg。EM有机肥施用量的增加可以提高土壤速效钾浓度，而在D1条件下，当施肥量从F1增加到F2时，速效钾浓度的增加并不显著($p>0.05$)，在D3处理下也发现了相似的规律。钾被认为是“品质元素”，对土壤速效钾浓度的提升有利于水稻产量和品质提高。

然而,本研究结果发现,EM有机肥-隔离层联合改良与单纯施用无机肥相比,稻田土壤速效氮、磷、钾含量均有所下降,这可能是由于有机肥中的营养元素大多呈有机态存在,其矿化成为植物喜好的速效态需要一定时间,而本研究仅进行了一季水稻种植,效果并不显著。

表4-2　不同EM有机肥-隔离层处理下耕层土壤速效养分浓度

处理	速效氮(mg/kg)	速效磷(mg/kg)	速效钾(mg/kg)
F1D1	148.2b	14.1b	115.1b
F2D1	157.4b	15.0ab	116.1b
F3D1	173.4a	15.7a	132.5a
F1D2	151.1c	14.3c	118.4b
F2D2	161.2b	16.0b	126.6a
F3D2	170.5a	17.4a	129.5a
F1D3	155.5b	15.7b	114.7b
F2D3	155.7b	16.1b	118.9b
F3D3	168.2a	17.5a	129.7a
CK	179.2	18.4	136.9
D	ns	ns	ns
F	*	*	*
D×F	ns	ns	ns

注:同一施肥量下不同字母表示在$p<0.05$水平差异显著。*表示显著相关($p<0.05$);ns表示不显著相关。F1、F2和F3表示低肥、中肥和高肥,D1、D2和D3表示隔离层浅埋、中埋和深埋。

4.4　不同EM有机肥-隔离层处理对水稻产量的影响

图4-2所示为不同EM有机肥-隔离层处理对水稻产量的影响。如图4-2所示,不同隔离层埋深对水稻产量的影响并不显著。D1、D2和D3组之间并没有明显的差异。但是在相同隔离层埋深下,水稻产量随有机肥施用量的增加而显著提高。D1隔离层埋深下,三种施肥量的水稻产量有显著差异($p<0.05$)。D2隔离层埋深下,F1和F2水稻产量没有显著差异,但均显著

低于 F3 处理。D3 隔离层埋深下，水稻产量的差异与 D2 相同。在 9 个不同 EM 有机肥-隔离层处理中，D3F3 处理的水稻产量最高，达到 8 388 kg/hm^2。

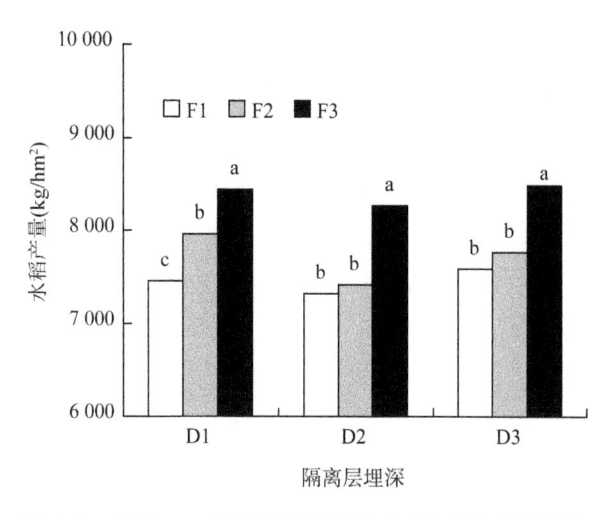

图 4-2　不同 EM 有机肥-隔离层处理对水稻产量的影响
(F1、F2 和 F3 表示低肥、中肥和高肥，D1、D2 和 D3 表示隔离层浅埋、中埋和深埋)

4.5　不同 EM 有机肥-隔离层处理对水稻品质的影响

表 4-3 所示为不同 EM 有机肥-隔离层处理下水稻主要品质指标值。从该表中可看出，隔离层对水稻垩白粒率并没有显著影响，然而，水稻垩白粒率随有机肥施用量的增加出现下降趋势，这一结果在 D2 条件下最为明显，D2 组 3 个处理间呈现显著差异。不同处理中，F3D3 处理的水稻垩白粒率最低，仅为 23.0%。

水稻整精米率随着 EM 有机肥施用量的增加总体上呈上升趋势，其中 D3 组这一规律最为明显。D2 组当有机肥施用量从 F2 升至 F3 时，水稻整精米率并没有显著变化($p>0.05$)。不同处理中，F2D2 处理的整精米率最高，达到 67.9%。

支链淀粉含量与 EM 有机肥施用量和隔离层埋深均没有明显关联，但在 D2 隔离层埋深下，支链淀粉含量随着 EM 有机肥施用量的增加有所增加，F1D2 和 F3D2 之间存在显著差异($p<0.05$)。

表 4-3　不同 EM 有机肥-隔离层处理下水稻主要品质指标

处理	垩白粒率（%）	整精米率（%）	支链淀粉含量（%）
F1D1	25.4a	65.1b	75.7a
F2D1	25.2a	66.1ab	75.2b
F3D1	24.0b	67.2a	75.9a
F1D2	25.7a	63.9b	75.1b
F2D2	24.8b	67.9a	75.4ab
F3D2	23.5c	66.4a	75.9a
F1D3	24.6a	61.8c	75.6a
F2D3	24.9a	63.4b	75.6a
F3D3	23.0b	65.4a	75.7a
CK	29.4	60.9	75.4

注：同一灌溉量条件下不同字母表示在 $p<0.05$ 水平差异显著。F1、F2 和 F3 表示低肥、中肥和高肥，D1、D2 和 D3 表示隔离层浅埋、中埋和深埋。

4.6　讨论

有效微生物是一种新型的复合微生物制剂，由光合成细菌、放线菌、酵母菌、乳酸菌等 80 多种无害的微生物组成[154]。近年来，EM 技术因其较传统生物制剂有更稳定的性能和更齐全的功能[155]而在日本、泰国、哥伦比亚、埃及等许多国家和地区得到广泛应用[156]。目前，EM 技术不仅在环境研究领域受到广泛关注，而且在有机肥发酵的应用领域也有很多研究。由于长期连作和不合理的施肥，耕作土壤含盐量较高，导致了一系列问题，如微生物群落失衡及养分供应不协调[157]。本研究表明用 EM 技术改善盐碱地是一种可行的办法。

隔离层技术广泛应用于滨海盐渍土中[158]。这主要是由于滨海盐渍土中的主要离子如氯化钠、镁离子等均为可溶性盐离子[110]，隔离层可以防止盐迁移到表层土壤，缓解盐胁迫，从而为作物创造适宜的生长环境。隔离层的埋深也非常重要。埋深不当会增加耕层土壤盐分含量，加重盐胁迫[159]；但适当的埋深可以对作物根系产生有益的补偿作用，提高作物产量，改善作物品质[160]。

本研究利用 EM 发酵生物有机肥，并将其应用于不同秸秆埋深下的水稻栽培，进行了以下研究：①EM 有机肥对耕层土壤盐分质量分数的影响；②施用 EM 有机肥对土壤理化指标的影响；③EM 有机肥对土壤速效养分的影响；④EM 有机肥和隔离层技术对水稻产量和品质的影响。本研究可为 EM 有机肥和隔离层联合改良技术在滨海水稻栽培方面的应用提供有益参考。

4.7　本章小结

（1）相比无机肥处理，不同 EM 有机肥-隔离层改良措施下稻田土壤速效氮、磷、钾含量均有所下降。但不同改良措施均改善了耕层土壤盐分，土壤盐分质量分数降低了 10.1%～40.6%。

（2）EM 有机施肥配合秸秆埋藏有利于提高总孔隙度、有机质含量、田间持水量并降低容重。

（3）在 9 个不同处理中，F3D3 处理的水稻产量最高，达到 8 388 kg/hm^2。

（4）在 9 个处理中，总体上 F3D3 处理的综合品质最优（整精米率指标一般），垩白粒率和支链淀粉含量分别为 23.0% 和 75.7%。

第五章 | 灌排技术和隔离层联合改良对土壤和水稻的影响

5.1　不同灌排-隔离层处理对耕层土壤盐分质量分数的影响

图5-1所示为水稻生育期内耕层土壤盐分质量分数的动态变化。由该图可看出,耕层土壤盐分质量分数呈波动性下降规律。从5月22日至6月21日出现明显下降后,6月21日至7月21日后的一段时间内出现一定回升,这可能是由于该时间段强蒸发造成的土壤返盐。I1D1返盐情况较为严重,7月21日达到2.73 g/kg,表明灌溉量较低不利于抑制耕层土壤返盐。

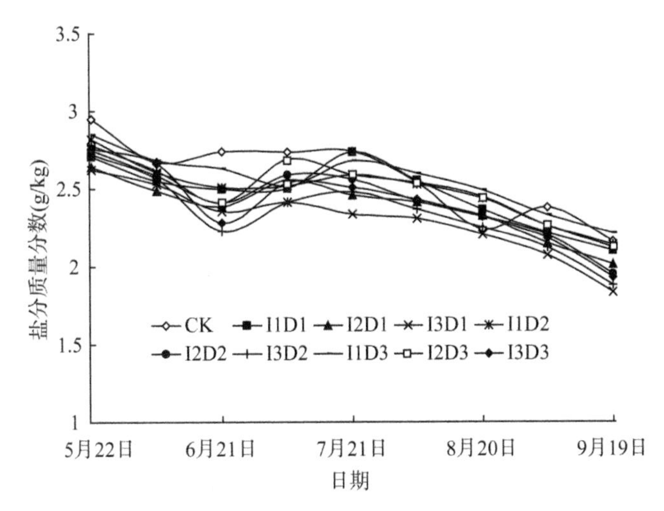

图5-1　灌排技术和隔离层联合改良对耕层土壤盐分质量分数的影响
(I1、I2和I3表示低水、中水和高水,D1、D2和D3表示隔离层浅埋、中埋和深埋)

总体上,耕层土壤盐分质量分数对灌溉水十分敏感,表现为高灌水量明显降低耕层土壤盐分质量分数。隔离层埋深对耕层土壤盐分的去除效果总体上表现为:D1和D2优于D3,在试验末期,D3处理盐分质量分数总体高于D1和D2。如果仅从去除耕层土壤盐分这一单因素来看,I3D1处理处于最优水平,试验末期为1.83 g/kg,而CK处理为2.16 g/kg。

灌排-隔离层处理能降低土壤盐分质量分数可能有两个原因:(1) 滨海土壤中的盐分如NaCl、$MgCl_2$大多易溶于水,并随水淋溶至深层土壤。(2) 在隔离层埋设下,土壤会出现以隔离层为界限的盐分和水分的差异分布,一方面,隔离层上方的土壤经过淋洗后,盐分质量分数显著降低;另一方面,隔离层阻隔了土壤毛细管作用，有效抑制了深层土壤的返盐，为作物生长创造了良好的物理化学环境。

5.2 不同灌排-隔离层处理对耕层土壤速效养分浓度的影响

表 5-1 所示为不同灌排-隔离层处理下耕层土壤速效养分浓度。不同处理与 CK 处理之间的土壤速效养分浓度差异不大，这可能是由于不同灌排-隔离层联合改良并未导致肥料用量上的差异。但值得注意的是，不同处理还是造成了速效养分浓度一定程度的下降，这可能是由于本研究中灌溉淋洗和排水造成耕层土壤的养分流失。

表 5-1 不同灌排-隔离层处理下耕层土壤速效养分浓度

处理	速效氮(mg/kg)	速效磷(mg/kg)	速效钾(mg/kg)
I1D1	141.3b	16.6a	125.4ab
I2D1	165.6a	15.0b	131.1a
I3D1	151.2ab	14.7b	117.5b
I1D2	155.8b	14.9a	128.4a
I2D2	163.4a	15.1a	126.6a
I3D2	155.5b	14.6a	120.5b
I1D3	154.5a	15.9a	122.7a
I2D3	156.9a	16.1a	128.3a
I3D3	156.1a	14.5b	119.7b
CK	166.1	17.2	137.9
I	*	ns	*
D	ns	ns	ns
I×D	ns	ns	ns

注：同一隔离层埋深下不同字母表示在 $p<0.05$ 水平差异显著。* 表示显著相关($p<0.05$)；ns 表示不显著相关。I1、I2 和 I3 表示低水、中水和高水，D1、D2 和 D3 表示隔离层浅埋、中埋和深埋。

不同灌排-隔离层处理中，速效氮浓度最高的处理是 I2D1，达到 165.6 mg/kg；速效磷浓度最高的处理为 I1D1，达到 16.6 mg/kg；速效钾浓度最高的处理为

I2D1，达到 131.1 mg/kg。这说明较高灌溉量（I3）不利于养分存储，同时，隔离层埋深越浅，耕层土壤速效养分浓度越高。从土壤速效养分浓度来看，I2D1 处理处于较优水平，速效氮、磷和钾浓度分别为 165.6 mg/kg、15.0 mg/kg 和 131.1 mg/kg。

总体来看，最大速效氮浓度出现在 I2 处理，这可能有两个原因：①较少的水分无法使肥料态的氮素养分转化为速效态，而适当提高灌水量有利于肥料元素的矿化，提高速效氮浓度；②过多的水分会使得速效氮随水流失，造成速效营养元素浓度的下降。本研究中，和 I2 与 I3 相比，I1 可能不利于氮素的矿化；而和 I1 与 I2 相比，I3 更易造成氮素的流失。因此 I2 可能是促进氮素矿化且降低氮素流失的较优的灌溉选择。速效钾在 D1 和 D3 处理中的浓度及速效磷在 D2 和 D3 处理中的浓度也呈现相似的规律。

5.3　不同灌排-隔离层处理对耕层土壤理化指标的影响

表 5-2 所示为不同灌排-隔离层处理对耕层土壤理化指标的影响。在 D1 条件下，不同灌排方案对土壤容重的影响不大，D1 组 3 个处理之间没有显著差异（$p>0.05$）；D2 组中，I1D2 处理的土壤容重处于较高水平；类似地，D3 组中，I1D3 处理的土壤容重处于最高水平，达到 1.46 g/cm^3，且显著高于其他处理（$p<0.05$）。总体来看，隔离层埋深越浅，对耕层土壤容重的降低效应越好。就容重这一单因素来看，I2D1 处理处于最优水平，容重为 1.37 g/cm^3，对应的总孔隙度为 48.30%。总孔隙度与容重呈现完全相反的关系，容重越低，孔隙度越高，不同隔离层处理中以 D1 隔离层埋深最有利于孔隙度的增加。

与对照处理 CK 相比，不同灌排-隔离层处理均对有机质含量的提升有一定促进作用，但促进的幅度不大，这可能是由于有机质相对稳定，短期内不易被外界环境改变。无论在何种秸秆隔离层埋深下，较高的有机质含量均出现在 I2 灌排方案下，表明控制灌溉下中等灌溉的环境更有利于提升土壤有机质含量。I2D1 处理的土壤有机质在 9 个处理中处于最优水平，达到 2.55%。

表 5-2　不同灌排-隔离层处理对耕层土壤理化指标的影响

处理	容重(g/cm^3)	总孔隙度(%)	有机质含量(%)	田间持水量(%)
I1D1	1.40a	47.17a	2.40b	27.3b
I2D1	1.37a	48.30a	2.55a	28.4a
I3D1	1.39a	47.55a	2.47ab	28.1a
I1D2	1.48a	44.15b	2.33a	26.6b
I2D2	1.41b	46.79a	2.33a	28.8a
I3D2	1.45ab	45.28ab	2.31a	27.3ab
I1D3	1.46a	44.91b	2.46b	26.2b
I2D3	1.42b	46.42a	2.53a	27.8a
I3D3	1.42b	46.42a	2.44b	27.1a
CK	1.47	44.53	2.37	26.2
I	*	*	ns	*
D	ns	ns	ns	*
I×D	ns	ns	ns	ns

注：同一隔离层埋深下不同字母表示在 $p<0.05$ 水平差异显著。* 表示显著相关($p<0.05$)；ns 表示不显著相关。I1、I2 和 I3 表示低水、中水和高水，D1、D2 和 D3 表示隔离层浅埋、中埋和深埋。

秸秆隔离层埋深对土壤田间持水量有明显影响，但值得注意的是，在相同秸秆隔离层埋深条件下，I2 灌排方案均最有利于田间持水量的提升，这可能是由于 I2 创造的土壤水分条件更有利于土壤团聚体的形成，改善土壤团粒结构，进而提升土壤持水性能。

5.4　不同灌排-隔离层处理对水稻产量的影响

图 5-2 所示为不同灌排-隔离层处理对水稻产量的影响。从该图可看出，在相同灌溉量下，总体上水稻产量随秸秆隔离层埋深的增加呈下降趋势，但降低幅度不大。而在相同秸秆隔离层埋深下，水稻产量以 I2 处理处于最高水平，这一规律在三组处理中均十分明显。这可能是因为水稻产量与土壤中的养分尤其是速效养分有关，低灌溉量 I1 不利于肥料态的养分矿化，而高灌溉

量 I3 会增加耕层土壤速效养分的流失，而 I2 较为平衡，因此促进了水稻产量的提高。不同处理中，产量最高的为 I2D1 处理，达到 8 044 kg/hm²。

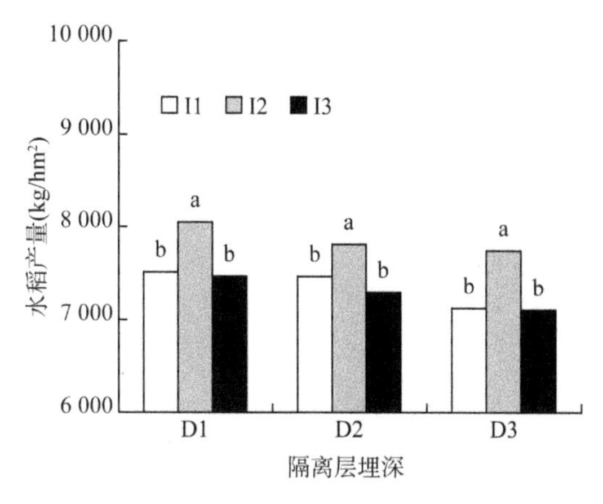

图 5-2　不同灌排-隔离层处理对水稻产量的影响
(I1、I2 和 I3 表示低水、中水和高水，D1、D2 和 D3 表示隔离层浅埋、中埋和深埋)

5.5　不同灌排-隔离层处理对水稻品质的影响

表 5-3 所示为不同灌排-隔离层处理下水稻主要品质指标值。从该表可看出，不同处理相对于对照处理 CK 均降低了水稻的垩白粒率，表明不同处理均有利于提升稻米品质。在相同秸秆隔离层埋深下，I2 处理的水稻垩白粒率较低，其中 I2D3 处理最低，为 23.3%。

整精米率和灌排方案之间的关系并不明显，D1 处理组中，3 个处理之间没有显著差异。但在 D2 埋深下，I2D2 处理的整精米率达到 67.6%，显著高于其他处理($p<0.05$)。9 个处理中，I2D2 处理的整精米率最高，不同灌排-隔离层处理相对于 CK 处理均提升了整精米率。

相比 CK 处理，不同改良措施均提升了支链淀粉含量，D1 组 3 个处理之间没有显著差异。D2 组中 I2D2 显著高于其他处理($p<0.05$)，D3 组也发现了相似的规律。这说明，总体上 I2 灌排方案有利于支链淀粉含量的提高。

表 5-3　不同灌排-隔离层改良下水稻主要品质指标值

处理	垩白粒率(%)	整精米率(%)	支链淀粉含量(%)
I1D1	24.7b	66.2a	75.1a
I2D1	24.1b	66.1a	75.4a
I3D1	25.6a	67.5a	74.8a
I1D2	25.9a	64.2b	75.0b
I2D2	24.1b	67.6a	76.2a
I3D2	24.4b	63.4b	75.2b
I1D3	24.1ab	62.2b	74.8b
I2D3	23.3b	65.7a	75.9a
I3D3	24.7a	65.8a	75.1b
CK	28.5	58.9	74.8

注:同一隔离层埋深条件下不同字母表示在 $p<0.05$ 水平差异显著。I1、I2 和 I3 表示低水、中水和高水,D1、D2 和 D3 表示隔离层浅埋、中埋和深埋。

5.6　讨论

适宜的水稻灌排方案不仅能节水,而且对土壤也有修复作用,能抑制盐分在土壤表层积聚,合理的灌溉量还能降低土壤容重,提高土壤养分的有效性[161]。干秸秆在修复盐土中也有不少应用。农田三年的秸秆试验表明,耕层土壤盐分最高下降了 80.72%,但土壤中速效氮、磷、钾浓度并未出现明显下降,有机质含量有所提高[157]。Bezborodov 等[162]的研究表明,秸秆处理下 0~15 cm 土层土壤盐分明显低于对照组。目前,秸秆隔离层技术在流域盐碱土修复方面已有很多应用,并取得了丰硕的成果。然而,已有联合修复技术的主要技术参数大多凭借主观经验,缺乏系统的研究和率定。本研究以不同灌排方案和秸秆隔离层为主要方法,研究其耦合效应对土壤盐分质量分数、速效养分浓度、理化性质的影响。研究结论可为盐碱土壤的改良提供理论依据。后续研究中,应更多考虑隔离层的埋设工艺、工具的提升,辅助科研成果向实际成果转化。

5.7 本章小结

（1）较高灌溉量（I3）不利于养分存储，同时，隔离层埋深越浅，耕层土壤速效养分浓度越高。从土壤速效养分来看，I2D1 处理处于较优水平，速效氮、磷和钾含量分别为 165.6 mg/kg、15.0 mg/kg 和 131.1 mg/kg。

（2）总体来看，隔离层埋深越浅，对耕层土壤容重的降低效应越好，且有利于提高孔隙度。就容重这一单因素来看，I2D1 处理处于最优水平，容重为 1.37 g/cm^3，对应的总孔隙度为 48.30%。

（3）相同灌溉量下，总体上水稻产量随秸秆隔离层埋深的增加呈下降趋势。而在相同秸秆隔离层埋深下，I2 处理的水稻产量处于最高水平。不同处理中，I2D1 处理的产量最高，达到 8 044 kg/hm^2。

（4）9 个处理中，I2D3 处理的水稻垩白粒率最低，为 23.3%；I2D2 处理的整精米率最高，达到 67.6%，不同灌排-隔离层处理相对于 CK 处理均提升了整精米率；总体上 I2 灌排方案有利于支链淀粉含量的提高。

第六章 | 基于投影寻踪分类模型的盐碱土联合改良方案优选研究

6.1 指标体系构建

综合考虑耕地质量、土壤结构、作物产量和品质及经济效益，本研究选取了土壤速效养分、孔隙度、水稻产量、整精米率和相关经济效益指标作为不同联合改良方案优选的决策依据。

本研究的经济效益主要依据将科研成果转化为项目实际工程运营后的参数计算而得。节水灌溉工程主要通过低压管道输水实施。不同处理在影响水稻产量、品质方面存在差异，因此对于水稻效益存在不同影响。参照《节水灌溉工程运行管理规程》(DB11/T 556—2021)和江苏省水利厅《江苏省水利工程造价信息(2019)》对灌溉工程进行规划和概预算。纳入工程建设造价的内容包括建筑工程费用、机电与金属结构费用、临时费用和独立费用。其中，建筑工程费用包括土方挖填、管材、管道附件、弹簧管压力表、过滤器、排水井、安装费等，机电与金属结构费用包括法兰闸阀、逆止阀、水泵及安装费等，临时费用包括建筑工程临时用水用电和临时建筑费用，独立费用包括建设单位管理费、工程监理费、设计测量费、工程保险费和安全生产费等。灌溉工程属于农田水利工程，因此按照《水利建设项目经济评价规范》(SL 72—2013)和《建设项目经济评价方法与参数》对不同工程进行国民经济评价，3 个主要经济指标分别为 EIRR、ENPV 和 EBCR，即经济内部收益率、经济净现值和经济效益费用比。计算上述 3 项指标时，根据试验结果计算项目效益和成本。项目的主要效益包括增产效益、节工效益和节水效益等，成本包括建设工程成本和运行费用等。相关计算公式如下。

(1) 经济内部收益率

$$\sum_{t=1}^{n}(B-C)_t(1+\mathrm{EIRR})^{-1}=0 \tag{6-1}$$

式中：EIRR——经济内部收益率，%；

B——年效益，万元；

C——年费用，万元；

$(B-C)_t$——第 t 年的净效益；

n——计算期，a；

t——计算期年份序号，基准点序号从 0 开始计算。

(2) 经济净现值

$$ENPV = \sum_{t=1}^{n}(B-C)_t(1+i_s)^{-t} \tag{6-2}$$

式中：ENPV——经济净现值，万元；

i_s——社会折现率，%。

其余变量同前。

(3) 经济效益费用比

$$EBCR = \sum_{t=1}^{n}B_t(1+i_s)^{-t} / \sum_{t=1}^{n}C_t(1+i_s)^{-t} \tag{6-3}$$

式中：EBCR——经济效益费用比；

B_t——第 t 年的效益，万元；

C_t——第 t 年的费用，万元；

其余变量同前。

构建的指标体系和指标值如表 6-1 所示。

表 6-1　指标与指标值

处理	水稻产量（kg/hm²）	整精米率（%）	速效氮（mg/kg）	孔隙度（%）	EIRR（%）	ENPV（万元）	EBCR
I1F1	7 311	65.6	145.1	46.91	14.2	72.1	1.31
I1F2	7 411	64.1	149.8	49.02	15.4	79.5	1.38
I1F3	7 654	66.2	159.3	49.81	15.8	82.9	1.40
I2F1	7 466	63.1	155.3	46.11	14.1	71.8	1.29
I2F2	7 999	66.8	162.1	45.25	14.8	74.3	1.34
I2F3	8 500	67.2	168.8	48.60	15.2	78.5	1.35
I3F1	7 612	63.1	150.1	46.49	14.2	72.0	1.30
I3F2	7 966	65.8	155.2	44.00	14.8	74.3	1.34

续表

处理	水稻产量 (kg/hm^2)	整精米率 (%)	速效氮 (mg/kg)	孔隙度 (%)	EIRR (%)	ENPV (万元)	EBCR
I3F3	8 312	67.4	163.4	44.83	15.3	79.1	1.36
F1D1	7 458	65.1	148.2	46.34	15.6	80.7	1.39
F2D1	7 961	66.1	157.4	45.13	15.5	79.8	1.38
F3D1	8 444	67.2	173.4	43.96	15.3	79.2	1.37
F1D2	7 322	63.9	151.1	45.51	13.8	69.1	1.28
F2D2	7 415	67.9	161.2	45.13	13.9	70.3	1.29
F3D2	8 268	66.4	170.5	43.85	14.8	74.3	1.34
F1D3	7 593	61.8	155.5	43.55	13.4	66.8	1.26
F2D3	7 771	63.4	155.7	44.38	13.6	68.9	1.27
F3D3	8 388	65.4	168.2	44.53	15.2	78.1	1.35
I1D1	7 512	66.2	141.3	47.17	13.3	66.1	1.23
I2D1	8 044	66.1	165.6	48.30	14.4	72.3	1.31
I3D1	7 466	67.5	151.2	47.55	15.7	81.1	1.40
I1D2	7 466	64.2	155.8	44.15	15.6	80.1	1.39
I2D2	7 812	67.6	163.4	46.79	13.9	70.3	1.29
I3D2	7 294	63.4	155.5	45.28	14.0	70.1	1.29
I1D3	7 121	62.2	154.5	44.91	13.6	69.1	1.27
I2D3	7 743	65.7	156.9	46.42	13.6	68.9	1.27
I3D3	7 098	65.8	156.1	46.42	12.9	66.1	1.25

6.2　模型建立

在处理类似农业管理方案优选的问题时，投影寻踪分类模型被认为是有效的统计学方法。投影寻踪的基本原理是基于计算机处理技术，将高维原始数据进行转化并投射到低维空间，在低维空间范围内去分析原始数据，进而达到科学处理高维数据的目的。

其建模方法如下[163-164]。

(1) 建立不同联合改良技术的评价矩阵。假设 n 为联合改良方案的个数，p 为评价指标个数，x_{ij}^* 为第 i 种联合改良方案下的第 j 个评价指标值，则联合改良方案评价矩阵 $\boldsymbol{X}^*$ 为：

$$\boldsymbol{X}^* = \begin{bmatrix} x_{11}^* & x_{12}^* & \cdots & x_{1p}^* \\ x_{21}^* & x_{22}^* & \cdots & x_{2p}^* \\ \vdots & \vdots & & \vdots \\ x_{n1}^* & x_{n2}^* & \cdots & x_{np}^* \end{bmatrix} \tag{6-4}$$

本试验中 $n=27$、$p=7$。

(2) 对矩阵 $\boldsymbol{X}^*$ 进行无量纲化处理。一般来说，方案的评价指标分为两类，指标值越小越优的指标称为“损失性”指标，即指标值越低，该项指标越优；相反，指标值越大越优的指标为“收益性”指标，即指标值越高，该项指标越优。

对于“收益性”指标：

$$x_{ij} = \frac{x_{ij}^* - \min x_j^*}{\max x_j^* - \min x_j^*} \tag{6-5}$$

对于“损失性”指标：

$$x_{ij} = \frac{\max x_j^* - x_{ij}^*}{\max x_j^* - \min x_j^*} \tag{6-6}$$

两式中：$\max x_j^*$ ——第 j 个指标的最大值；

$\min x_j^*$ ——第 j 个指标的最小值。

本研究中，水稻产量、整精米率、耕层土壤速效氮、孔隙度及 3 个经济效益评价指标均是收益性指标。

经过无量纲化处理，矩阵 $\boldsymbol{X}^*$ 可转化为 $\boldsymbol{X}$：

$$\boldsymbol{X} = \begin{bmatrix} x_{11} & x_{12} & \cdots & x_{1p} \\ x_{21} & x_{22} & \cdots & x_{2p} \\ \vdots & \vdots & & \vdots \\ x_{n1} & x_{n2} & \cdots & x_{np} \end{bmatrix} \tag{6-7}$$

(3) 线性投影。这一过程实际上是促进了高维数据向低维转化，即通过算法将高维数据进行低维投射，本研究中假定单位向量 $\boldsymbol{a}$ 是一维线性的投影方向，那么将矩阵 $\boldsymbol{X}$ 投影到一维方向上的投影特征值 z_i 为：

$$z_i = \sum_{j=1}^{p} \boldsymbol{a}_j \cdot x_{ij} \quad (i=1,2,3,\cdots,n; j=1,2,3,\cdots,p) \tag{6-8}$$

(4) 构造投影目标函数。一般来说，投影值存在最优的分布状态，即尽量密集且呈点团状分布，点团又以分散态为最优。换成投影目标构造，即多元数据分布的类间距离和类内密度在同一时刻达到峰值，则投影目标函数可以表示为

$$Q(\boldsymbol{a}) = S_z \cdot D_z \tag{6-9}$$

式中：$Q(\boldsymbol{a})$——投影目标函数；

S_z——投影特征值 z_i 的标准差，即上述的类间距离；

D_z——投影特征值 z_i 的局部密度，即上述的类内密度。

$$S_z = \sqrt{\frac{\sum_{i=1}^{n} [z_i - E(z)]^2}{n-1}} \tag{6-10}$$

式中：$\mathrm{E}(z)$——序列 z_i 的均值。

$$D_z = \sum_{i=1}^{n} \sum_{k=1}^{n} (R - r_{ik}) \cdot f(R - r_{ik}) \tag{6-11}$$

式中：R——局部密度的窗口半径；

r_{ik}——样本之间的距离，$r_{ik} = |r_i - r_k|$；

$f(t)$——单位阶跃函数，当 $t \geqslant 0$ 时，其值为 1，当 $t<0$ 时，其值为 0；

$i,k = 1,2,3,\cdots,n$，为样本容量。

(5) 优化投影目标函数。一般来说，在样本集指标值确定的情况下，投影方向 $\boldsymbol{a}$ 如果发生变化，投影指标函数 $Q(\boldsymbol{a})$ 会随之发生变化。最佳投影方向需要具备的能力是：在最大限度上反映高维数据的结构特征和基本信息。因此，以优化投影目标函数为目的，采用目标函数最大化策略：

$$\max Q(\boldsymbol{a}) = S_z \cdot D_z \tag{6-12}$$

$$s.t.\sum_{j=1}^{p}\boldsymbol{a}^2(j)=1, \tag{6-13}$$

当目标函数达到极值时可得到最佳投影方向 $\boldsymbol{a}^*$。

(6) 评价。最佳投影方向 $\boldsymbol{a}^*$ 的取值代表了不同指标对于评价结果的贡献大小。将 $\boldsymbol{a}^*$ 代入式(6-8),可得到各样本点的投影值 z_i^*。按照投影值 z_i^* 取值大小依次进行排列,可以得到不同联合改良方案综合效益的优劣排序。

6.3 方案优选

本研究仅考虑了联合改良技术的两两结合及其效应,这是由于三种以上的控制方法在实践中推广会有一定的难度,过多的限制和控制条件将阻碍成果的应用。

本研究利用 Matlab 7.1,根据上述模型构建方法对表 6-1 进行建模。在 RAGA 优化过程中,设定父代初始种群规模为 400,变异概率和交叉概率均为 0.8,优秀个体数目选定为 20 个,$\alpha=0.05$,加速 20 次,得到不同指标的最佳投影方向依次为 $a_j^*=(0.16,0.04,0.14,0.08,0.21,0.29,0.09)$,不同联合改良方案的投影值 z_i^* 如图 6-1 所示。根据投影值越大,综合效益越优的原则,27 种联合改良方案综合效益最优的处理为 I2F3 和 F3D1,投影值均达到 0.968(表 6-2 为均一化后的指标与指标值)。

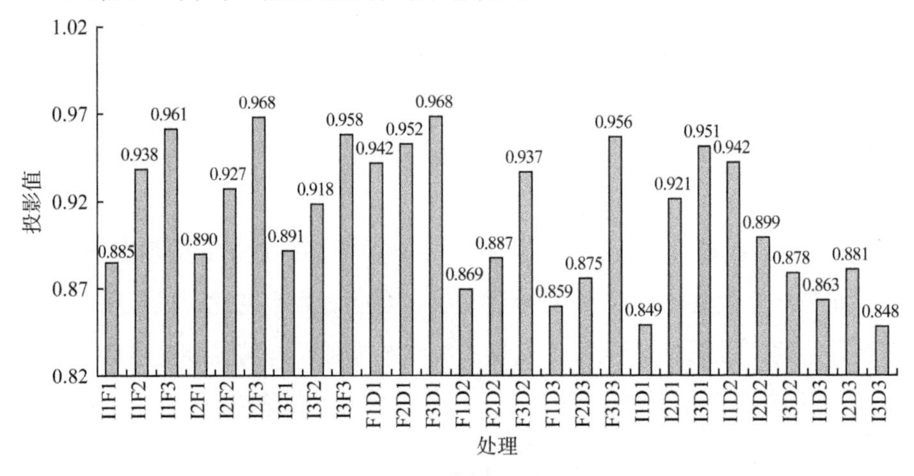

图 6-1 不同联合改良方案的投影值

表 6-2　均一化后的指标和指标值

处理	水稻产量	整精米率	速效氮	孔隙度	EIRR	ENPV	EBCR
I1F1	0.860	0.966	0.837	0.942	0.899	0.870	0.936
I1F2	0.872	0.944	0.864	0.984	0.975	0.959	0.986
I1F3	0.900	0.975	0.919	1.000	1.000	1.000	1.000
I2F1	0.878	0.929	0.896	0.926	0.892	0.866	0.921
I2F2	0.941	0.984	0.935	0.908	0.937	0.896	0.957
I2F3	1.000	0.990	0.973	0.976	0.962	0.947	0.964
I3F1	0.896	0.929	0.866	0.933	0.899	0.869	0.929
I3F2	0.937	0.969	0.895	0.883	0.937	0.896	0.957
I3F3	0.978	0.993	0.942	0.900	0.968	0.954	0.971
F1D1	0.877	0.959	0.855	0.930	0.987	0.973	0.993
F2D1	0.937	0.973	0.908	0.906	0.981	0.963	0.986
F3D1	0.993	0.990	1.000	0.883	0.968	0.955	0.979
F1D2	0.861	0.941	0.871	0.914	0.873	0.834	0.914
F2D2	0.872	1.000	0.930	0.906	0.880	0.848	0.921
F3D2	0.973	0.978	0.983	0.880	0.937	0.896	0.957
F1D3	0.893	0.910	0.897	0.874	0.848	0.806	0.900
F2D3	0.914	0.934	0.898	0.891	0.861	0.831	0.907
F3D3	0.987	0.963	0.970	0.894	0.962	0.942	0.964
I1D1	0.884	0.975	0.815	0.947	0.842	0.797	0.879
I2D1	0.946	0.973	0.955	0.970	0.911	0.872	0.936
I3D1	0.878	0.994	0.872	0.955	0.994	0.978	1.000
I1D2	0.878	0.946	0.899	0.886	0.987	0.966	0.993
I2D2	0.919	0.996	0.942	0.939	0.880	0.848	0.921
I3D2	0.858	0.934	0.897	0.909	0.886	0.846	0.921
I1D3	0.838	0.916	0.891	0.902	0.861	0.834	0.907

续表

处理	水稻产量	整精米率	速效氮	孔隙度	EIRR	ENPV	EBCR
I2D3	0.911	0.968	0.905	0.932	0.861	0.831	0.907
I3D3	0.835	0.969	0.900	0.932	0.816	0.797	0.893

6.4 本章小结

将土壤结构、养分指标和经济效益指标等引入综合评价体系，通过投影寻踪分类模型决策，发现 27 种联合改良方案综合效益最优的处理为 I2F3 和 F3D1，投影值均达到 0.968。这表明控制灌溉下中等灌溉量结合 4 500 kg/hm^2 EM 有机肥施用量，以及 4 500 kg/hm^2 EM 有机肥施用量与 30 cm 隔离层埋深的综合改良方案效果最优。

第七章 | 结论与展望

（1）灌排技术与EM有机肥联合改良措施下，就综合产量品质而言，不同水肥处理中，I2F3处理的表现最优，在该模式下，水稻产量达到8 500 kg/hm^2，垩白粒率、整精米率和支链淀粉含量分别为22.8%、67.2%和75.8%。9个处理中，I3F2处理去除盐分的效果最好，至试验末期，耕层土壤盐分质量分数仅为1.66 g/kg，远低于对照处理CK。不同水肥改良技术有利于降低耕层土壤容重、提升孔隙度、提高有机质含量和增强土壤持水特性。从反映土壤结构的重要因子孔隙度来看，I1F3处理土壤孔隙度最高，达到49.81%。

（2）EM有机肥与隔离层联合改良措施下，相比无机肥处理，稻田土壤速效氮、磷、钾浓度均有所下降。但不同改良措施均改善了耕层土壤盐分，土壤盐分质量分数降低了10.1%～40.6%。EM有机施肥配合秸秆埋藏有利于提高总孔隙度、有机质含量、田间容量并降低容重。在9个不同处理中，F3D3处理的水稻产量最高，达到8 388 kg/hm^2；总体上F3D3处理的综合品质最优（整精米率指标一般），垩白粒率和支链淀粉含量分别为23.0%和75.7%。

（3）灌排技术和隔离层联合改良措施下，较高灌溉量（I3）不利于养分存储，同时，隔离层埋深越浅，耕层土壤速效养分含量越高。从土壤速效养分来看，I2D1处理处于较优水平，速效氮、磷和钾浓度分别为165.6 mg/kg、15.0 mg/kg和131.1 mg/kg。总体来看，隔离层埋深越浅，对耕层土壤容重的降低效应越好，且有利于提高孔隙度。就容重这一单因素来看，I2D1处理处于最优水平，容重为1.37 g/cm^3，对应的总孔隙度为48.30%。相同灌溉量下，总体上水稻产量随秸秆隔离层埋深的增加呈下降趋势。而在相同秸秆隔离层埋深下，I2处理的水稻产量处于最高水平。不同处理中，I2D1处理的产量最高，达到8 044 kg/hm^2。9个处理中，I2D3处理的水稻垩白粒率最低，为23.3%；I2D2处理的整精米率最高，达到67.6%，不同灌排-隔离层处理相对于CK处理均提升了整精米率；总体上I2灌排方案有利于支链淀粉含量的提高。

（4）将土壤结构、养分指标和经济效益指标等引入综合评价体系，通过投影寻踪分类模型决策，发现27种联合改良方案综合效益最优的处理为I2F3和F3D1，投影值均达到0.968。这表明控制灌溉下中等灌溉量结合4 500 kg/hm^2 EM有机肥施用量，以及4 500 kg/hm^2 EM有机肥施用量与

30 cm 隔离层埋深的综合改良方案效果最优。

综上,本研究探索了联合改良技术对沿海垦区土壤-作物系统的影响规律。由于项目只开展了 1 年的试验研究,尚未进行灌排-隔离层-生物有机肥的联合改良试验,联合改良技术对盐碱土改良持续效果等有待后续开展相关研究。

参考文献

[1] ZHANG Y J,XU J N,CHENG Y D,et al. The effects of water and nitrogen on the roots and yield of upland and paddy rice[J]. Journal of Integrative Agriculture,2020,19(5):1363-1374.

[2] 吕银斐,任艳芳,刘冬,等. 不同水分管理方式对水稻生长、产量及品质的影响[J]. 天津农业科学,2016,22(1):106-110.

[3] 蔡志欢,赵瑞,刘逸童,等. 不同水分管理方式对优质杂交晚稻产量和稻米品质的影响[J]. 杂交水稻,2016,32(6):59-63.

[4] 吴杨伟. 浅谈几种水稻节水灌溉技术[J]. 河南农业,2013(15):41.

[5] CHANG T T,LORESTO G C,O'TOOLE J C,et al. Strategy and methodology of breeding rice for drought-prone areas[J]. Australian Journal of Agricultural Science,1981,4(3):112-117.

[6] 汝晨,魏永霞,刘慧,等. 水稻产量及其构成要素对耗水过程的响应综述[J]. 节水灌溉,2017(12):97-103.

[7] WOPEREIS M C S ,KROPFF M J ,MALIGAYA A R,et al. Drought-stress responses of two lowland rice cultivars to soil water status [J]. Field Crops Research,1996,46(1):21-39.

[8] 柯传勇. 不同水分处理对水稻生长、产量及品质的影响[D]. 武汉:华中农业大学,2010.

[9] 夏琼梅,毛桂祥,王定开,等. 幼穗分化期至齐穗期水分胁迫对水稻产量及功能叶性状的影响[J]. 干旱地区农业研究,2015,33(3):111-116.

[10] BOUMAN B A M,PENG S,CASTAÑEDA A R,et al. Yield and water use of irrigated tropical aerobic rice systems[J]. Agricultural Water Management,2005,74(2):87-105.

[11] 陈玉梅,陈涛,毛瑞青,等. 衡阳盆地水稻不同灌溉方式比较试验[J]. 衡阳师范学院学报,2016,37(3):60-62.

[12] 林贤青,朱德峰,李春寿,等. 水稻不同灌溉方式下的高产生理特性[J]. 中国水稻科学,2005,19(4):328-332.

[13] 刘贺. 全生育期轻度干湿交替灌溉对水稻产量和土壤性状的影响[D]. 扬州:扬州大学,2016.

[14] SHIGENORI M, TETSUYA S, KOOU Y. The relationship between root length density and yield in rice plants[J]. Japanese Journal of Crop Science, 1988, 57(3): 438-443.

[15] LU J, OOKAWA T, HIRASAWA T. The effects of irrigation regimes on the water use, dry matter production and physiological responses of paddy rice[J]. Plant and Soil, 2000, 223(1-2): 209-218.

[16] 毛心怡,王为木,郭相平,等. 不同节水灌溉模式对水稻生理生长和产量形成的影响[J]. 节水灌溉,2020,12(1):25-28,33.

[17] 张宏路,朱安,胡昕,等. 稻田常用节水灌溉方式对水稻产量和米质影响的研究进展[J]. 中国稻米,2018,24(6):8-12.

[18] 颜龙安,等. 优质稻米生产技术[M]. 北京:中国农业出版社,1999.

[19] 朱庆森,黄丕生. 水稻节水栽培研究论文集[C]. 北京:中国农业科技出版社,1995.

[20] 周欢,原保忠,柯传勇,等. 灌溉水量对水稻生长和产量的影响[J]. 灌溉排水学报,2010,29(2):99-101.

[21] YANG J C, ZHANG J H, WANG Z Q, et al. Hormonal changes in the grains of rice subjected to water stress during grain filling[J]. Plant Physiology, 2001, 127(1): 315-323.

[22] EKANAYAKE I J, DE DATTA S K, STEPONKUS P L. Spikelet sterility and flowering response of rice to water stress at anthesis [J]. Annals of Botany, 1989, 63(2): 257-264.

[23] 郑家国,任光俊,陆贤军,等. 花后水分亏缺对水稻产量和品质的影响[J]. 中国水稻科学,2003,17(3):239-243.

[24] 王同朝,杜园园,常晓,等. 垄作覆盖条件下灌溉方式与灌溉量对夏玉米田土壤呼吸的影响[J]. 河南农业大学学报,2010,44(3):238-242.

[25] 孙小淋,杨立年,杨建昌. 水稻高产节水灌溉技术及其生理生态效应[J]. 中国农学通报,2010,26(3):253-257.

[26] 刘奇华,吴修,陈博聪,等. 灌溉方式对黄淮稻区优质粳米品质的影响[J]. 应用生态学报,2014,25(9):2583-2590.

[27] 郭群善,贺玮. 水氮互作对水稻产量及品质的影响[J]. 节水灌溉,2016(5):42-47.

[28] 倪同坤. 暗管排水技术在沿海滩涂水稻田中的应用[J]. 中国农村科技,2005(8):29-30.

[29] 范业宽,蔡烈万,徐华壁. 暗管排水改良渍害型水稻土的效果[J]. 土壤肥料,1989(2):9-12.

[30] MINAMIKAWA K,MAKINO T. Oxidation of flooded paddy soil through irrigation with water containing bulk oxygen nanobubbles[J]. Science of the Total Environment,2020,709:136323.

[31] SHAO T Y,ZHAO J J,LIU A H,et al. Effects of soil physicochemical properties on microbial communities in different ecological niches in coastal area[J]. Applied Soil Ecology,2020,150:103486.

[32] 李晓彬,康跃虎. 滨海重度盐碱地微咸水滴灌水盐调控及月季根系生长响应研究[J]. 农业工程学报,2019,35(11):112-121.

[33] 张谦,冯国艺,王树林,等. 排盐补淡对滨海盐碱土壤盐分变化的影响[J]. 节水灌溉,2019(4):56-59.

[34] 刘鹏. 河北近滨海盐碱区基于暗管埋设的水土资源管理与利用研究[D]. 保定:河北农业大学,2013.

[35] GREENE R,TIMMS W,RENGASAMY P et al. Soil and aquifer salinization: Toward an integrated approach for salinity management of groundwater[M]//JAKEMAN A J, BARRETEAU O, HUNT R J, et al. Integrated Groundwater Management. Switzerland: Springer International Publishing,2016.

[36] XU X,HUANG G H,SUN C,et al. Assessing the effects of water table depth on water use,soil salinity and wheat yield:Searching for a target depth for irrigated areas in the upper Yellow River basin[J]. Agricultural Water Management,2013,125:46-60.

[37] 于淑会,刘金铜,刘慧涛,等. 暗管控制排水技术在近滨海盐碱地治理中的应用研究[J]. 灌溉排水学报,2014,33(3):42-46.

[38] 耿其明,闫慧慧,杨金泽,等. 明沟与暗管排水工程对盐碱地开发的土壤改良效果评价[J]. 土壤通报,2019,50(3):617-624.

[39] 张震中,张金旭,黄佳盛,等. 不同排水措施对青海高寒区盐碱地改良效果的研究[J]. 灌溉排水学报,2018,37(12):78-85.

[40] SINGH A. An overview of drainage and salinization problems of irrigated lands[J]. Irrigation and Drainage,2019,68(3):551-558.

[41] 徐存东,聂俊坤,刘辉,等. 干旱灌区灌水方式对田间土壤脱盐效果的模拟研究[J]. 节水灌溉,2015(8):67-70.

[42] 陈阳,张展羽,冯根祥,等. 滨海盐碱地暗管排水除盐效果试验研究[J]. 灌溉排水学报,2014,33(3):38-41.

[43] 刘永,王为木,周祥. 滨海盐土暗管排水降渍脱盐效果研究[J]. 土壤,2011,43(6):1004-1008.

[44] LU P R,ZHANG Z Y,SHENG Z P,et al. Assess effectiveness of salt removal by a subsurface drainage with bundled crop straws in coastal saline soil using HYDRUS-3D[J]. Water,2019,11(5):943.

[45] 张金龙,刘忠阳,张清. 滨海盐土暗管排水改良绿化技术[J]. 城市环境与城市生态,2013,26(1):29-32.

[46] 侯毛毛,陈竞楠,杨祁,等. 暗管排水和有机肥施用下滨海设施土壤氮素行为特征[J]. 农业机械学报,2019,50(11):259-266.

[47] 侯会静,韩正砥,杨雅琴,等. 生物有机肥的应用及其农田环境效应研究进展[J]. 中国农学通报,2019,35(14):82-88.

[48] 周亮,谭石勇,杨丽丽,等. 生物有机肥研究综述[J]. 农技服务,2015,32(12):125-126.

[49] 汪小涵,钱磊,韦殿菊,等. 我国生物有机肥研究与应用进展[J]. 现代农业科技,2019(4):160-161,163.

[50] 高菊生,秦道珠,刘更另,等. 长期施用有机肥对水稻生长发育及产量的影响[J]. 耕作与栽培,2002,6(2):31-33,38.

[51] 王艾平,邓接楼. 生物有机肥对水稻产量和品质影响的研究[J]. 作物杂志,2006(5):28-30.

[52] 张伟明,孟军,王嘉宇,等. 生物炭对水稻根系形态与生理特性及产量的影响[J]. 作物学报,2013,39(8):1445-1451.

[53] ZHANG J,WANG M Y,CAO Y C,et al. Replacement of mineral fertilizers with anaerobically digested pig slurry in paddy fields:Assessment of plant growth and grain quality[J]. Environmental Science and Pollution Research,2015,24(10):8916-8923.

[54] ZHANG M,YAO Y L,TIAN Y H,et al. Increasing yield and N use efficiency with organic fertilizer in Chinese intensive rice cropping systems[J]. Field Crops Research,2018,227:102-109.

[55] DING L J,SU J Q,SUN G X,et al. Increased microbial functional diversity under long-term organic and integrated fertilization in a paddy soil [J]. Applied Microbiology and Biotechnology,2018,102(4):1969-1982.

[56] 田艳洪,闫凤超,高莹,等. 施用有机肥对水稻生长及产量的影响[J]. 现代化农业,2019(7):17-19.

[57] 孙娟,李浩,谢丽红,等. 不同有机肥用量对水稻产量和土壤肥力的影响[J]. 四川农业科技,2018(2):50-52.

[58] MI W H,SUN Y,XIA S Q,et al. Effect of inorganic fertilizers with organic amendments on soil chemical properties and rice yield in a low-productivity paddy soil [J]. Geoderma: An International Journal of Soil Science,2018,320:23-29.

[59] 陈琨,曾祥忠,喻华,等. 有机肥施用量对冬水稻田水稻生长和土壤有机质的影响[J]. 亚热带农业研究,2019,15(4):223-228.

[60] 李杨,陈兴良. "蚯蚓粪"生物有机肥在水稻上的应用效果试验[J]. 北方水稻,2019,49(6):37-38.

[61] 白胜双,刘成启. 生物有机肥料对黑龙江水稻产量的影响[J]. 安徽农业科学,2016,44(7):176-178,181.

[62] 霍立君. 平安福生物有机肥在水稻上应用效果[J]. 现代化农业,2008(10):15-16.

[63] KUMAR K A,SWAIN D K,BHADORIA P B S. Split application

of organic nutrient improved productivity, nutritional quality and economics of rice-chickpea cropping system in lateritic soil[J]. Field Crops Research, 2018, 223: 125-136.

[64] MUNI S, ROUT K K, PARIDA R C. Effect of amendment of soil with fly ash in combination with other nutrients on change in grain yield, crude protein, NPN and true protein contents of rice[J]. Indian Journal of Agricultural Research, 2016, 50(4): 378-381.

[65] 王显,刘俊,霍中洋. 不同生物有机肥对稻米品质的影响[J]. 耕作与栽培,2012(2):20-21.

[66] 杨红梅,张荔,仲子忠. 生物有机肥不同施用量对水稻产量的影响[J]. 现代农业科技,2012(21):53,58.

[67] 周江明. 有机-无机肥配施对水稻产量、品质及氮素吸收的影响[J]. 植物营养与肥料学报,2012,18(1):234-240.

[68] 董广,张军云,张钟,等. 不同有机肥施用量对有机水稻产量和效益的影响[J]. 农业科技通讯,2016(8):57-61.

[69] 彭耀林,朱俊英,唐建军,等. 有机无机肥长期配施对水稻产量及干物质生产特性的影响[J]. 江西农业大学学报,2004,26(4):485-490.

[70] 朱海,杨劲松,姚荣江,等. 有机无机肥配施对滨海盐渍农田土壤盐分及作物氮素利用的影响[J]. 中国生态农业学报,2019,27(3):441-450.

[71] 李攻科,王卫星,曹淑萍,等. 天津滨海土壤盐分离子相关性及采样密度研究[J]. 中国地质,2016,43(2):662-670.

[72] ZISSIMOS A M, CHRISTOFOROU I C, MORISSEAU E, et al. Distribution of water-soluble inorganic ions in the soils of Cyprus[J]. Journal of Geochemical Exploration, 2014, 146: 1-8.

[73] 耿泽铭. 施用生物有机肥对盐渍土改良效果及玉米产量的影响[D]. 哈尔滨:东北农业大学,2013.

[74] 邵孝候,张宇杰,常婷婷,等. 生物有机肥对盐渍土壤水盐动态及番茄产量的影响[J]. 河海大学学报(自然科学版),2018,46(2):153-160.

[75] XIE W J, WU L F, ZHANG Y P, et al. Effects of straw application

on coastal saline topsoil salinity and wheat yield trend[J]. Soil and Tillage Research,2017,169:1-6.

[76] 王涵. 不同有机物料对滨海盐碱土改良效果的研究[D]. 长春:吉林农业大学,2018.

[77] OO A N, IWAI C B, SAENJAN P. Soil properties and maize growth in saline and nonsaline soils using cassava-industrial waste compost and vermicompost with or without earthworms[J]. Land Degradation and Development,2015,26(3):300-310.

[78] 李国辉,宋付朋,骆洪义,等. 不同有机肥用量对滨海盐渍土盐分表聚性及物理性状的影响[J]. 山东农业科学,2019,51(5):83-88.

[79] LIU G M,LI J B,ZHANG X C,et al. GIS-mapping spatial distribution of soil salinity for Eco-restoring the Yellow River Delta in combination with Electromagnetic Induction[J]. Ecological Engineering,2016,94(1):306-314.

[80] 王永鹏,曹启民,覃姜薇,等. 施肥对海水倒灌后土壤盐分时空分布的影响研究初报[J]. 南方农业,2019,13(23):183-187.

[81] 王丽娜,陈金林,梁珍海,等. 黄麻秸秆还田及有机肥对滨海盐土的改良试验[J]. 林业科技开发,2009,23(3):88-91.

[82] 张晓东,李兵,刘广明,等. 复合改良物料对滨海盐土的改土降盐效果与综合评价[J]. 中国生态农业学报,2019,27(11):1744-1754.

[83] WU Y P,LI Y F,ZHENG C Y,et al. Organic amendment application influence soil organism abundance in saline alkali soil[J]. European Journal of Soil Biology,2013,54:32-40.

[84] 李潮海,王群,郝四平. 土壤物理性质对土壤生物活性及作物生长的影响研究进展[J]. 河南农业大学学报,2002,36(1):32-37.

[85] XUE J F,REN A X,LI H,et al. Soil physical properties response to tillage practices during summer fallow of dryland winter wheat field on the Loess Plateau[J]. Environmental Science and Pollution Research International,2018,25(2):112-114.

[86] 热不哈提·艾合买提,徐超,艾克拜尔·伊拉洪. 生物有机肥对库尔勒香梨园土壤理化性质的影响[J]. 农民致富之友,2017(12):62-63.

[87] LEKFELDT J D S, KJAERGAARD C, MAGID J. Long-term effects of organic waste fertilizers on soil structure, tracer transport, and leaching of colloids[J]. Journal of Environmental Quality, 2017, 46(4): 862-870.

[88] 邵孝候,刘旭,周永波,等. 生物有机肥改良连作土壤及烤烟生长发育的效应[J]. 中国土壤与肥料,2011(2):65-67.

[89] MOORE J D, DUCHESNE L, OUIMET R. Soil properties and maple-beech regeneration a decade after liming in a northern hardwood stand [J]. Forest Ecology and Management, 2008, 255(8-9): 3460-3468.

[90] 高亮,谭德星. 酵素菌生物有机肥在潍坊滨海盐土上的应用效果研究[J]. 现代农业科技,2016(12):218-219,229.

[91] JIANG S Q, YU Y N, GAO R W, et al. High-throughput absolute quantification sequencing reveals the effect of different fertilizer applications on bacterial community in a tomato cultivated coastal saline soil[J]. Science of the Total Environment, 2019, 687: 601-609.

[92] 于雷,洪永胜,耿雷,等. 基于偏最小二乘回归的土壤有机质含量高光谱估算[J]. 农业工程学报,2015,31(14):103-109.

[93] AHMED O, INOUE M, MORITANI S. Effect of saline water irrigation and manure application on the available water content, soil salinity and growth of wheat[J]. Agricultural Water Management, 2010, 97(1): 165-170.

[94] 何翠翠,王立刚,王迎春,等. 长期施肥下黑土活性有机质和碳库管理指数研究[J]. 土壤学报,2015,52(1):194-202.

[95] IKRAM A. Beneficial soil microbes and crop productivity[J]. Planter Kuala Lumpur, 1996, 66(7): 640-648.

[96] 孔涛,马瑜,刘民,等. 生物有机肥对土壤养分和土壤微生物的影响[J]. 干旱区研究,2016,33(4):884-891.

[97] ZHANG Y L,ZHANG J,SHEN Q R,et al. Effect of combined application of bioorganic manure and inorganic nitrogen fertilizer on soil nitrogen supplying characteristics[J]. The Journal of Applied Ecology,2002,13(12):1575-1578.

[98] 殷培杰,孙军德,石星群,等. 微生物菌剂在鸡粪有机肥料堆制发酵中的应用[J]. 微生物学杂志,2004,24(6):43-46.

[99] REN H,HUANG B L,FERNÁNDEZ-GARCÍA V,et al. Biochar and rhizobacteria amendments improve several soil properties and bacterial diversity[J]. Microorganisms,2020,8(4):502.

[100] 朱宏,苗得雨. 北方寒地水稻苗床增温超早育苗高产机理研究[J]. 黑龙江农业科学,2009(2):41-44.

[101] 高原,苗得雨,郑艳玲. 寒地水稻隔离层育秧效果的研究[J]. 现代化农业,2007(11):43-44.

[102] 朱德华,冯德清,邢建国. 水稻隔离层育秧技术应用效果[J]. 现代化农业,2009(5):42-43.

[103] 孙丽华,许凤昌,周雅芳,等. 水稻隔寒增温育苗技术的应用[J]. 吉林农业,2014(8):34.

[104] 李哲帅. 水稻应用苯板与稻壳隔寒增温育苗技术效果研究[J]. 现代农业科技,2012(23):28,31.

[105] 陈焕文. 水稻软盘隔离层旱育苗的高温危害及其防治对策[J]. 垦殖与稻作,2006(6):32-34.

[106] LIN G Q,YANG Y,CHEN X Y,et al. Effects of high temperature during two growth stages on caryopsis development and physicochemical properties of starch in rice[J]. International Journal of Biological Macromolecules,2020,145:301-310.

[107] 曲金玲. 水稻隔离层育秧效果的研究[J]. 牡丹江师范学院学报(自然科学版),2002(1):6-7.

[108] PANDEY N,TRIPATHI R S,MITTRA B N. Yield nutrient uptake and water use efficiency of rice as influences by nitrogen and irrigation

[J]. Annals of Agricultural Research,1992,13(4):377-382.

[109] 石英,沈其荣,茆泽圣,等. 旱作条件下水稻的生物效应及表层覆盖的影响[J]. 植物营养与肥料学报,2001,7(3):271-277.

[110] ZHAO Y G,LI Y Y,WANG J,et al. Buried straw layer plus plastic mulching reduces soil salinity and increases sunflower yield in saline soils[J]. Soil and Tillage Research,2016,155(SI):363-370.

[111] 赵永敢,王婧,李玉义,等. 秸秆隔层与地覆膜盖有效抑制潜水蒸发和土壤返盐[J]. 农业工程学报,2013,29(23):109-117.

[112] 郭相平,杨泊,王振昌,等. 秸秆隔层对滨海盐渍土水盐运移影响[J]. 灌溉排水学报,2016,35(5):22-27.

[113] ZHANG G S,CHAN K Y,OATES A,et al. Relationship between soil structure and runoff/soil loss after 24 years of conservation tillage[J]. Soil and Tillage Research,2007,92(1-2):122-128.

[114] 朱金籴,郭世文,杨永利,等. 天津滨海开发区绿地土壤盐分时空变异特征[J]. 农业工程学报,2016,32(S2):161-168.

[115] 王冬柏,朱健,王平,等. 环境材料原位固定修复土壤重金属污染研究进展[J]. 中国农学通报,2014,30(8):181-185.

[116] CHI C M,ZHAO C W,SUN X J,et al. Reclamation of saline-sodic soil properties and improvement of rice (*Oriza sativa* L.) growth and yield using desulfurized gypsum in the west of Songnen Plain, northeast China[J]. Geoderma,2012,187-188:24-30.

[117] GONZÁLEZ-ALCARAZ M N, JIMÉNEZ-CÁRCELES F J, ÁLVAREZ Y,et al. Gradients of soil salinity and moisture,and plant distribution,in a Mediterranean semiarid saline watershed: A model of soil-plant relationships for contributing to the management[J]. Catena,2014,115:150-158.

[118] 王琳琳,李素艳,孙向阳,等. 不同隔盐材料对滨海盐渍土水盐动态和树木生长的影响[J]. 水土保持通报,2015,35(4):141-147,151.

[119] 张薇,李素艳,孙向阳,等. 隔盐层对滨海盐土理化性质的影响[J].

河南农业科学,2013,42(10):51-54.

[120] 李素艳,翟鹏辉,孙向阳,等. 滨海土壤盐渍化特征及土壤改良研究[J]. 应用基础与工程科学学报,2014,22(6):1069-1078.

[121] SHI D M,JIANG G Y,JIANG P,et al. Effects of soil erosion factors on cultivated-layer quality of slope farmland in purple hilly area[J]. Transactions of the Chinese Society of Agricultural Engineering, 2017, 33(13):270-279.

[122] 范富,张庆国,侯迷红,等. 玉米秸秆隔离层对西辽河流域盐碱土碱化特征及养分状况的影响[J]. 水土保持学报,2013,27(3):131-137.

[123] XIE W J,CHEN Q F,WU L F,et al. Coastal saline soil aggregate formation and salt distribution are affected by straw and nitrogen application: A 4-year field study[J]. Soil and Tillage Research, 2020, 198: 104535.

[124] 赵雅. 不同处理水稻秸秆对滨海盐渍型水稻土供氮能力和酶活性的影响[D]. 沈阳:沈阳农业大学,2018.

[125] 丛萍,李玉义,王婧,等. 秸秆一次性深埋还田量对亚表层土壤肥力质量的影响[J]. 植物营养与肥料学报,2020,26(1):74-85.

[126] 汤宏,沈健林,张杨珠,等. 秸秆还田与水分管理对稻田土壤微生物量碳、氮及溶解性有机碳、氮的影响[J]. 水土保持学报,2013,27(1):240-246.

[127] 赵金花,张丛志,张佳宝. 激发式秸秆深还对土壤养分和冬小麦产量的影响[J]. 土壤学报,2016,53(2):438-449.

[128] YANG H S,YANG B,DAI Y J,et al. Soil nitrogen retention is increased by ditch-buried straw return in a rice-wheat rotation system[J]. European Journal of Agronomy,2015,69:52-58.

[129] 张雪梅,叶贝贝. 行业异质性视角下我国工业生态创新效率评价[J]. 生态学报,2019,39(14):5198-5207.

[130] 李芳花,王柏,孙艳玲,等. 基于微粒群算法的投影寻踪模型对调亏灌溉模式评价[J]. 东北农业大学学报,2013,44(2):77-81.

[131] 叶素飞，彭秀琴，季亚辉，等. 设施盐渍土壤暗管布局方案的优选研究[J]. 山东农业科学，2015，47(11)：75-79.

[132] XIAO J L, LIU Y Q, TIAN L, et al. Application of entropy weight fuzzy matter element model in comprehensive benefit evaluation of water saving irrigation[J]. Journal of Drainage and Irrigation Machinery Engineering, 2016, 34(9): 809-814.

[133] ZHONG F L, HOU M M, HE B Z, et al. Assessment on the coupling effects of drip irrigation and organic fertilization based on entropy weight coefficient model[J]. Peerj, 2017, 5(10): 3855.

[134] 张星星，王琴，袁静，等. 基于最优综合效益的节水灌溉方案熵权系数评价[J]. 节水灌溉，2019(4)：86-89.

[135] 毛心怡，王为木，郭相平，等. 不同灌溉模式稻田土壤速效氮磷存储能力及其熵权系数评价[J]. 节水灌溉，2018(1)：63-66，72.

[136] 张国伟，杨长琴，刘瑞显，等. 江苏省滨海盐碱地植棉适宜品种筛选与评价[J]. 中国棉花，2014，41(9)：7-12.

[137] 李月芬，汤洁，李艳梅. 用主成分分析和灰色关联度分析评价草原土壤质量[J]. 世界地质，2004，23(2)：169-174，200.

[138] CHU H Y, HOSEN Y, YAGI K, et al. Soil microbial biomass and activities in a Japanese Andisol as affected by controlled release and application depth of urea[J]. Biology and Fertility of Soils, 2005, 42(2): 89-96.

[139] 邢英英，张富仓，张燕，等. 滴灌施肥水肥耦合对温室番茄产量、品质和水氮利用的影响[J]. 中国农业科学，2015，48(4)：713-726.

[140] NANGARE D D, SINGH Y, KUMAR P S, et al. Growth, fruit yield and quality of tomato (*Lycopersicon esculentum* Mill.) as affected by deficit irrigation regulated on phenological basis[J]. Agricultural Water Management, 2016, 171: 73-79.

[141] GUIDA G, SELLAMI M H, MISTRETTA C, et al. Agronomical, physiological and fruit quality responses of two Italian long-storage tomato

landraces under rain-fed and full irrigation conditions[J]. Agricultural Water Management,2017,180:126-135.

[142] YAHYAOUI I, TADEO F, VIEIRA S M. Energy and water management for drip-irrigation of tomatoes in a semi-arid district[J]. Agricultural Water Management,2017,183:4-15.

[143] LIU S Q,CAO H X,YANG H,et al. The correlation analysis between tomato yield, growth characters and water and nitrogen supply[J]. Scientia Agricultura Sinica,2014,47(22):4445-4452.

[144] ZOTARELLI L,DUKES M D,SCHOLBERG J M,et al. Nitrogen and water use efficiency of zucchini squash for a plastic mulch bed system on a sandy soil[J]. Scientia Horticulturae,2008,116(1):8-16.

[145] LI S K,SHEN G X,GUO C X,et al. Effect of manure and straw on secondary salinity soil of greenhouse[J]. Guangdong Agricultural Science,2012,2:60-73.

[146] LIANG Y C,SI J,NIKOLIC M,et al. Organic manure stimulates biological activity and barley growth in soil subject to secondary salinization [J]. Soil Biology and Biochemistry,2005,37(6):1185-1195.

[147] SUN L,LUO Y. Study on the evolution trends of soil salinity in cotton field under long-term drip irrigation[J]. Research on Soil and Water Conservation,2013,20(1):186-192.

[148] ZHANG Q B,AHMAT A,YU L,et al. Effects of different irrigation methods and quantities on soil salt transfer in oasis alfalfa fields[J]. Acta Prataculturae Sinica,2014,23(6):69-77.

[149] ZHANG J Z,TUMAREBI H D,WANG YM,et al. Influence of irrigation quota on distribution of soil salinity for cotton under mulched drip irrigation[J]. Journal of Irrigation and Drainage,2010,29(1):44-46.

[150] LI R,TAO R,LING N,et al. Chemical,organic and bio-fertilizer management practices effect on soil physicochemical property and antagonistic bacteria abundance of a cotton field:Implications for soil biological quality

[J]. Soil and Tillage Research,2017,167:30-38.

[151] ZHANG S T. Study on the improvement of adding bio-organic fertilizer and amendments on greenhouse vegetable soil secondary salinization[J]. Horticulture in Northern China,2011(12):52-54.

[152] ZHANG J M,TIAN S Y,LI S M,et al. Effects of bio-organic fertilizer application on the growth of banana and the physical-chemical properties of soil[J]. Chinese Agricultural Science Bulletin,2012,28(25):265-271.

[153] NAKAYAMA F S,BUCKS D. Trickle irrigation for crop production:Design, operation and management[J]. Soil and Tillage Research,1950,10(2):191-192.

[154] PARK K. Composting of food waste and mixed poultry manure inoculated with effective microorganisms[J]. Engineering in Agriculture,Environment and Food,2011,4(4):106-111.

[155] RASHED E M,MASSOUD M. The effect of effective microorganisms (EM) on EBPR in modified contact stabilization system[J]. HBRC Journal,2015,11(3):384-392.

[156] ZHONG Z K,BIAN F Y, ZHANG X P. Testing composted bamboo residues with and without added effective microorganisms as a renewable alternative to peat in horticultural production[J]. Industrial Crops and Products,2018,112(9):602-607.

[157] HOU M M,SHAO X H,ZHAI Y M. Effects of different regulatory methods on improvement of greenhouse saline soils,tomato quality,and yield[J]. The Scientific World Journal,2014,2014:953675.

[158] HUO L,PANG H C,ZHAO Y G,et al. Buried straw layer plus plastic mulching improves soil organic carbon fractions in an arid saline soil from Northwest China[J]. Soil and Tillage Research,2017,165(1):286-293.

[159] ZHAO Y G,PANG H C,WANG J,et al. Effects of straw mulch

and buried straw on soil moisture and salinity in relation to sunflower growth and yield[J]. Field Crops Research,2014,161:16-25.

[160] JIN Q,YANG Q,ZHONG F L,et al. Impact of drip irrigation and buried straw layer on the soil cultivated environment: A case study under greenhouse[J]. Fresenius Environmental Bulletin,2017,26(8):5413-5419.

[161] HOU M M, ZHU L D,JIN Q. Surface drainage and mulching drip-irrigated tomatoes reduces soil salinity and improves fruit yield[J]. Plos One,2016,11(5):1-14.

[162] BEZBORODOV G A,SHADMANOV D K,MIRHASHIMOV R T,at al. Mulching and water quality effects on soil salinity and sodicity dynamics and cotton productivity in Central Asia[J]. Agriculture Ecosystems and Environment,2010,138(1-2):95-102.

[163] 邵光成,张展羽,刘娜,等. 投影寻踪分类模型在膜下滴灌模式评价中的应用[J]. 水利学报,2007,38(8):944-947.

[164] 付强,金菊良,门宝辉,等. 基于 RAGA 的 PPE 模型在土壤质量等级评价中的应用研究[J]. 水土保持通报,2002,22(5):51-54.